工程测量实习指导

主　编　韩用顺　常玉光
副主编　韦建超　于红波　王宇会

中南大学出版社
www.csupress.com.cn

内 容 简 介

　　本书是作者在长期从事工程测量教学与科研实践的基础上，根据《土木工程测量教学大纲》和《土木工程测量课程综合实习大纲》编写的。全书分为五部分：第一部分工程测量实验与实习须知，第二部分测量基本技能训练，第三部分测量综合应用和提高训练，第四部分测量教学综合实习，第五部分附录。本书注重工程测量的基本理论、基本计算、基本操作和应用实践，并结合具体案例进行技能提高，突出"实践"和"实用"两大特点。

　　本书可供土木、建筑、交通、矿山、测绘、国土、水利、城市规划等专业教学实践使用，亦可供相关工程技术人员参考。

高等学校土木工程专业系列教材
编审委员会

出版说明

为了适应 21 世纪复合型、应用型创新人才培养的需要，结合我国高等学校教学的现状，立足培养学生能跟上国际经济的发展水平，按照教育部最新制定的教学大纲，遵循"学科属性及好教好学"原则，中南大学出版社组织专家教授编写了这套"高等学校土木工程专业系列教材"。

土木工程专业作为我国高等学校的专业设置仅十年之久，它是我国高等教育专业设置调整后的一个新兴专业，土木工程专业与建筑工程、交通土建和岩土工程等传统专业相比，在培养目标、教学内容和教学方法上都有较大的区别，以"厚基础、宽口径、强能力"作为学生培养目标，理论阐述以"必需、够用"为原则，侧重定性分析和实际工程应用。

鉴于我国行业技术标准和规范不统一的现状，大部分高校将土木工程专业分为几个专业方向或课程群组织教学，本套教材是在调查十几所高校多年教学实践的基础上进行编写，编委会成员均为长期从事专业教学的资深教师，具有丰富的教学经验和科研水平。本套教材具有以下特点：

1. 以理论"必需、够用"为原则，以工程实际应用为重点

改变了过于注重知训传授和科学体系严密性的传统教学思想，注重应用型人才培养的特点，结合现行的人才培养计划，做到理论阐述以"必需、够用"为原则，侧重定性分析及其在工程中的应用，充分利用多媒体教学的特点，扩充工程信息量，培养学生的工程概念。

2. 注重培养对象终身发展的需要

土木工程领域范围广，行业标准多，本教材注重专业基础理论与规范的关系，重点阐述规范编制的基本理论、方法和原则，适当介绍土木工程领域的新知识、新技术及其发展趋势，以适应学生今后职业生涯发展的需要。

3. 文字教材和多媒体教学相结合

随着多媒体教学的发展和应用，综合多媒体教学在教学中的优势，提高教学效率，在编写文字教材的同时，配套编写多媒体教案和相关计算软件，使学生适应现代计算技术的发展和提高学生自我训练的能力。

4. 编写严谨规范，语言通俗易懂

根据我国土木工程最新设计与施工规范、规程和技术标准编写，体现了当前我国土木工程施工技术与管理水平，内容精练、叙述严谨。采取逻辑关系严谨、循序渐进的编写思路，深入浅出，图文并茂，文字表达通俗易懂。

希望本系列教材的出版，能促进土木工程专业的教材建设，为培养符合市场需要的高水平人才起到积极推动作用。

前　言

随着我国工程建设事业的发展，社会对工程专业技术人员的素质要求不断提高，尤其是对专业人员的动手操作能力有着更高的期望，测量仪器的操作和应用则是体现专业人员动手实践能力强弱的重要方面。

为了帮助测绘与非测绘专业学生、工程技术人员系统地掌握测量的基本理论知识和操作方法，增强动手实践能力，我们组织编写了《工程测量实习指导》一书。本书面向土木、建筑、交通、矿山、测绘、国土、水利、城市规划和林业等专业，全面介绍工程测量的作用、技术进展、原理方法、实践步骤、数据处理和应用实例，以加强学生从理论到实践的认识、提高学生专业技能。

全书共分为五部分：

第一部分介绍工程测量实验和实习必备的基本常识要求及注意事项等。

第二部分为测量基本技能训练，详细介绍了水准测量、角度测量、距离测量、控制测量的基本知识。

第三部分为测量综合应用和提高训练，介绍了13个实验，每个实验包含实验目的和要求、实验仪器和工具、实验方法和步骤、注意事项及思考题。

第四部分主要介绍测量教学综合实习，是将理论教学、单个实验技术和实习教学相结合进行综合训练的教学实践环节。

第五部分为附录，包括测量规范、测量中常见的计量单位、地形图图示等。

本书是由湖南科技大学的韩用顺和河南理工大学的常玉光主编的，参与编写的教师均为长期工作在各高校教学和科研一线的优秀中青年教师，有着丰富的土木工程测量教学和实践经验。在编写过程中，我们力求突出重点，做到内容精炼，有针对性和实用性，使广大读者能够有效掌握本书知识。

本书根据工程测量教学大纲的基本要求，在土木工程专业工程测量实验报告的基础上，增添了有关新仪器、新技术的实验内容，并结合具体事例编写而成。具体分工如下：湖南科技大学的韦建超和李博超编写了第一部分、第二部分和第三部分的实验 12~14，广州工业大学的王宇会编写了第三部分实验 15~20，华南农业大学的于红波和河南理工大学的常玉光编写了第三部分的实验 21~24，湖南科技大学的韩用顺和向勤编写了第四部分和第五部分，全书由韩用顺、常玉光、韦建超和向勤负责统稿。

由于时间仓促，书中还存在不少缺点和不足，甚至错误，因此恳请业界的专家、学者和使用本书的学生、专业技术人员批评、指正，不甚感谢！

编者
2009 年 8 月

目　录

工程测量实验与实习须知

一、实验与实习一般要求

（1）学生在实验前必须预习实验指导书，了解本次实验仪器的使用和注意事项，了解实验方法和步骤，能基本正确地回答指导教师的提问。

（2）实习分小组进行，组长负责组织协调工作，办理所用仪器和工具的借领和归还手续。每人都必须认真、仔细地操作，培养独立工作的能力和严谨的科学态度，同时要发扬互相协作精神。

（3）实验应在规定的时间和地点进行，不得无故缺席或迟到、早退，不得擅自改变地点或离开现场。

（4）在实验过程中或结束时，发现仪器工具有遗失或损坏情况，应立即报告指导教师，同时要查明原因，根据情节轻重，给予适当的赔偿或处理。

（5）实验或实习时，应以严谨的科学态度，认真仔细地操作，不得伪造观测数据。

（6）实验或实习中，应爱护各种公共设施、绿化园林等。

（7）实验或实习时，应注意安全，尤其在电线密集的地方、公路边、陡坎边等处作业时，更需注意。

二、仪器及工具借用办法

（1）学生依教学计划进行实习借用仪器时，需由任课教师在一周前提出使用仪器之品种、数量、使用时间、使用班级及实习组数，以便实验室进行准备。

（2）每次实验所需仪器及工具均在任务书上载明，学生应以小组为单位于上课前由各组组长凭学生证按组的顺序向测量仪器室借用，要听从实验管理人员的指挥，遵守实验室的规定。

（3）借领仪器时，各组依次由1~2人进入室内，在指定地点清点、检查仪器和工具，然后在登记表上填写班级、组号及日期。实验室借领仪器要填好仪器的借用单，各组组长对照仪器的借用单清点仪器及附件等，若无问题，由组长在借用单上签名，并将借用单交仪器管理人员后，方可将仪器借出仪器室。

（4）初次接触仪器，未经教师讲解，对仪器性能不了解时，不得擅自架设仪器进行操作，以免弄坏仪器。

（5）实验过程中，各组应妥善保护仪器、工具。各组间不得任意调换仪器、工具。若有损坏或遗失，视情节照章处理。

（6）实验完毕后，应将所借用仪器、工具上的泥土清扫干净再交还实验室，由管理人员检查验收后发还学生证。由于交还仪器时间过于集中，不可能将仪器详细检查一遍，待下次清点借给他人前(不超过两天)方可算前者借用手续完毕。

（7）测量仪器属贵重仪器，借出的仪器必须有专人保管，如发生仪器损坏或遗失，则按照学院的规章制度办理。

（8）搬运前，必须检查仪器箱是否锁好，搬运时，必须轻取轻放，避免剧烈振动和碰撞。

三、使用测量仪器规则

实验仪器是精密贵重仪器，每个人应养成爱护仪器的好习惯。为保证仪器安全，延长使用寿命及保持仪器精度，使用仪器时，需按本规则要求进行。

1．领取仪器时必须检查

（1）仪器箱盖是否关妥、锁好。

（2）背带、提手是否牢固。

（3）脚架与仪器是否相配，脚架各部分是否完好，脚架腿伸缩处的连接螺旋是否滑丝。要防止因脚架未架牢而摔坏仪器，或因脚架不稳而影响作业。

2．打开仪器箱时的注意事项

（1）仪器箱应平放在地面上或其他台子上才能开箱，不要托在手上或抱在怀里开箱，以免将仪器摔坏。

（2）开箱后未取出仪器前，要注意仪器安放的位置与方向，以免用毕装箱时因安放位置不正确而损伤仪器。

3．自箱内取出仪器时的注意事项

（1）不论何种仪器，在取出前一定要先放松制动螺旋，以免取出仪器时因强行扭转而损坏制动装置、微动装置，甚至损坏轴系。

（2）自箱内取出仪器时，应一手握住支架，另一手扶住基座部分，轻拿轻放，不要只用一只手抓仪器。

（3）仪器放置于三脚架上后，应立即将连接螺旋旋紧，不要过紧，以免损坏螺旋，也不要过松，以免仪器脱落。

（4）自箱内取出仪器后，要随即将仪器箱盖好，以免沙土、杂草等不洁之物进入箱内。还要防止搬动仪器时丢失附件。仪器箱应放在仪器附近，不能将箱子当凳子坐。

（5）取仪器及其使用过程中，要注意避免触摸仪器的目镜、物镜，以免沾污，进而影响成像质量。不允许用手指或手帕等去擦仪器的目镜、物镜等部分。

4．架设仪器时的注意事项

（1）伸缩式三腿抽出后，要把固定螺旋拧紧，但不可用力过猛而造成螺旋滑丝。要防止因螺旋未拧紧而使脚架自行收缩而摔坏仪器。三腿脚架拉出的长度要适中。

（2）架设脚架时，三腿脚架分开的跨度要适中，不得太靠拢容易被碰倒，分得太开容易滑开，都会造成事故。若在斜坡上架设仪器，应使两条腿在坡下（可稍放长），一条腿在坡上（可稍缩短）。若在光滑地面上架设仪器，要采取安全措施（例如用细绳将脚架三腿脚架相互连接起来），防止脚架滑动摔坏仪器。

（3）在脚架安放稳妥并将仪器放到脚架上后，应一手握住仪器，另一手立即旋紧仪器和脚架间的中心连接螺旋，避免仪器从脚架上掉下摔坏。

（4）仪器箱多为薄型材料制成，不能承重，因此严禁蹬、坐在仪器箱上。

（5）架设好仪器后，必须再次检查架腿固定螺旋及中心连接螺旋是否确已拧紧。

5. 仪器在使用过程中注意事项

(1)在阳光下观测必须撑伞,防止日晒(包括仪器箱);雨天应禁止观测。对于电子测量仪器,在任何情况下均应注意防护。

(2)任何时候仪器旁必须有人守护。禁止无关人员拨弄仪器,注意防止行人、车辆碰撞仪器。

(3)如遇目镜、物镜外表面蒙上水气而影响观测(在冬季较常见),应稍等一会或用纸片煽风使水汽散发。若镜头上有灰尘应用仪器箱中的软毛刷拂去。严禁用手帕或其他纸张擦拭,以免擦伤镜面。观测结束应及时套上物镜盖。

(4)操作仪器时,用力要均匀,动作要准确、轻捷。制动螺旋不宜拧得过紧,用力过大或动作太猛都会造成对仪器的损伤。

(5)转动仪器时,应先松开制动螺旋,然后平稳转动。使用微动螺旋时,应先旋紧制动螺旋。

(6)若发现仪器转动失灵,或有异样声响,应立即停止工作,并报告指导老师。

6. 仪器迁站时的注意事项

(1)在远距离迁站或通过行走不便的地区时,必须将仪器装箱后再迁站。

(2)在近距离且平坦地区迁站时,可将仪器连同三腿脚架一起搬迁。首先检查连接螺旋是否旋紧,松开各制动螺旋,再将三腿脚架腿收拢,然后一手托住仪器的支架或基座,一手抱住脚架,稳步行走。搬迁时切勿跑行,防止摔坏仪器。严禁将仪器横扛在肩上搬迁。

(3)迁站时,要清点所有的仪器和工具,防止丢失。

(4)在使用全站仪时,不管距离远近,全站仪都应装箱搬迁。

7. 仪器装箱时的注意事项

(1)仪器使用完毕,应及时盖上物镜盖,清除仪器表面的灰尘和仪器箱、脚架上的泥土。

(2)仪器装箱前,要先松开各制动螺旋,将脚螺旋调至中段并使之大致等高。然后一手握住支架或基座,另一手将中心连接螺旋旋开,双手将仪器从脚架上取下放入仪器箱内。

(3)仪器装入箱内要试盖一下,若箱盖不能合上,说明仪器未正确放置,应重新放置,严禁强压箱盖,以免损坏仪器。在确认安放正确后再将各制动螺旋略为旋紧,防止仪器在箱内自由转动而损坏某些部件。

(4)清点箱内附件,若无缺失则将箱盖盖上,扣好搭扣、上锁。

(5)如仪器沾有水雾,应将仪器在通风干燥处晾干后再装入仪器箱内。

8. 测量工具的使用

(1)使用皮尺时应避免沾水,若受水侵,应晾干后再卷入皮尺盒内。收卷皮尺时切忌扭转卷入。

(2)不得将标杆、标尺无人扶持斜靠在墙上、树上或电线杆上,以防倒下摔断。也不允许在地面上拖拽或用标杆、标尺作标枪投掷。不得用标杆、标尺抬东西。

(3)小件工具应用完即收,防止遗失。

(4)钢尺量距时,最后2~3圈不要拉出,用力不可过猛,可能将连接部分拉断。

(5)防止钢尺扭曲、打结,禁止行人踩踏或车辆碾压钢尺以免折断。

(6)锤球应保持形状对称、尖部锐利,不得在坚硬的地面上乱碰乱划。

(7)携尺前进时,不得沿地面拖拽,以免将尺面刻度磨损。

（8）水准尺放置在地面上时，尺面不得接触地面。不允许在地面上拖拽或投掷标杆。

四、测量资料的记录、计算及结果处理要求

（一）测量资料的记录要求

（1）实验所得各项数据的记录和计算，必须按记录格式用 2H 或 3H 铅笔认真填写。字迹应清楚并随观测随记录，不准先记在草稿纸上，然后誊入记录表中，更不准伪造数据，字高应稍大于格子的一半。观测者读出数字后，记录者应将所记数字复诵一遍，以防听错、记错。

（2）禁止连续更改数字，例如：水准测量中的黑、红面读数；角度测量中的盘左、盘右读数；距离丈量中的往测与返测结果等，均不能同时更改。否则，必须重测。

（3）记录错误时，不准用橡皮擦去，不准在原数字上涂改。应将错误的数字划去并把正确的数字记在原数字上方。原始观测的数据尾部读数不许更改，应将该部分结果废去重测。废去重测的范围如表 0 - 1 所示。

表 0 - 1　数据记录错误的处理原则

测量种类	不准更改的部位	应重测范围
水平角	分及秒的读数	一测回
竖直角	分及秒的读数	一测回
量距	厘米、毫米的读数	一尺段
水准	厘米、毫米的读数	一测站

（4）记录的数据应写齐规定的位数，如表 0 - 2 所示。

表 0 - 2　数据记录位数

测量种类	数字的单位	记录位数
水准	mm	4
角度的分	′	2
角度的秒	″	2

如水准测量的读数为 542 mm，应记为 0542，角度测量中的 8°5′4″ 应记为 8°05′04″，其中的 0 均不能省略。

（5）记录应保持清洁整齐，所有应填写的项目都应填写齐全。

（6）简单的计算与必要的检核，应在测量现场及时完成，确认无误后方可迁站。

（二）外业记录及计算部分取位

水准测量、角度测量、距离测量记录及计算取位分别见表 0 - 3、表 0 - 4、表 0 - 5。

表 0 - 3　水准测量取位规定

量	视距(m)	视距总和(km)	中丝读数(mm)	高差中数(mm)	高差总和(mm)
取位	0.1	0.01	1.0	0.1	1.0

表 0 - 4　角度测量取位规定

量	读数(″)	一测回中数(″)
取位	1.0	1.0

表 0 - 5　距离测量取位规定

量	读数(mm)	一测回中数(mm)
取位	1.0	1.0

(三)测量结果的整理、计算及作业要求

(1)测量结果的整理与计算,应用规定表格进行。

(2)内业计算用黑色墨水笔书写,如计算数字有错,可用横线将错字划去另写。

(3)数据计算时,应根据所取的位数,按"四舍六入,五前单进、双舍"的规则进行数字凑整。如 2.534 4,2.533 6,2.534 5,2.533 5,只保留 4 位有效数字,则均记为 2.534。

(4)计算作业的取位如表 0 - 6 ~ 表 0 - 8 所示。

表 0 - 6　水准测量取位规定

量	改正数(mm)	最后高差(mm)	点的高程(mm)
取位	1.0	1.0	0.001

表 0 - 7　导线测量取位规定

量	角度观测值(″)	坐标方位角(″)	距离(m)	坐标增量(m)	坐标(m)
取位	1.0	1.0	0.001	0.001	0.001

表 0 - 8　三角高程测量取位规定

量	角度观测值(″)	距离(m)	高差(m)	高程(m)
取位	0.1	0.001	0.001	0.001

(5)上交计算结果应是原始计算表格,所有计算均不许另行抄录。

(6)教师批阅后要求改正或重做的部分,应按时完成并交指导老师重新批阅。

第一章　测量基本技能训练

实验1　DS3 水准仪的认识与使用

一、实验目的与要求

（1）了解 DS3 水准仪的基本构造，认清其主要部件的名称及作用。
（2）初步掌握水准仪的操作要领，练习仪器的安置、整平、瞄准和读数。
（3）测定 A、B 两点间的高差。

二、准备工作

（1）仪器工具：DS3 型水准仪 1 台，记录板 1 块，水准尺 2 根。
（2）人员组织：每 4 人一组，2 人扶尺，1 人观测，1 人记录，轮流操作。
（3）场地布置：各组在相隔 30～40 m 处选定 A、B 两点，并做出标记。

三、实验方法与步骤

（一）水准仪的认识

如图 1－1 所示为 DS3 型水准仪的外形和主要部件名称，应了解其作用及使用方法。

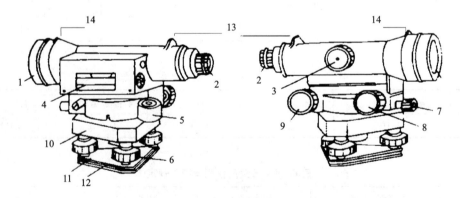

图 1－1　水准仪主要部件示意图

1—物镜；2—目镜；3—物镜调焦螺旋；4—管水准器；5—圆水准器；6—脚螺旋；7—制动螺旋；
8—微动螺旋；9—微倾螺旋；10—轴座；11—三角压板；12—底板；13—缺口；14—准星

（二）水准仪的使用

水准仪的基本操作程序：安置→粗平→瞄准→精平→读数。

1. 安置仪器

安置仪器于 A、B 点之间，将脚架张开，使其高度适当，架头大致水平，并将脚尖踩入土中。打开仪器箱，记住仪器摆放位置，以便仪器装箱时按原位摆放。双手将仪器从仪器箱中拿出，平稳地放在脚架架头，接着一手握着仪器，另一手将中心螺旋旋至仪器基座内旋紧。

2. 粗略整平

水准仪的粗平是通过调节脚螺旋使圆水准器的气泡居中而达到的，如图 1－2 所示，先用双手同时向内（或向外）转动一对脚螺旋，使其水准器泡移动到中间，再转动另一只脚螺旋使圆气泡居中，通常须反复进行。注意气泡移动的方向与左手拇指或右手食指运动的方向一致。

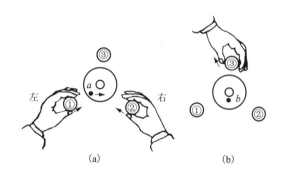

图 1－2　调节圆水准器粗平示意图

3. 瞄准

进行水准测量时，用望远镜瞄准水准尺的步骤是：

（1）目标调焦：旋转目镜调焦螺旋，使十字丝最清晰。

（2）粗略瞄准：松开水准仪制动螺旋，转动仪器，用准星和照门粗略瞄准水准尺，旋紧制动螺旋。

（3）物镜调焦：旋转物镜调焦螺旋，使水准尺分划像十分清晰。

（4）精确瞄准：旋转微动螺旋，使水准尺像的一侧靠近十字丝竖丝（便于检查水准尺是否立直）。

（5）消除视差：眼睛略作上下移动，检查十字丝与水准尺分划像之间是否有相对移动（视差）；如存在视差，则重新进行目镜调焦和物镜调焦，以消除视差。

4. 精平

转动微倾螺旋使符合水准器气泡两端的影像吻合（即成一弧状），如图 1－3 所示，调到图（c）状态，该过程称为精平。

5. 读数

精平后，以十字丝中横丝读出尺上的数值，读取 4 位读数。估读至毫米。如图 1－4 望远镜中看到的水准尺成倒像，中丝读数为 1.274 m。

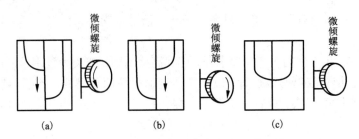

图 1-3 通过旋转微倾螺旋精平

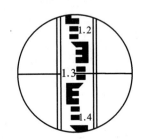

图 1-4 DS3 水准仪读数方法

6. 测定地面两点间的高差

(1) 在地面选定 A、B 两个较坚固的点;

(2) 在 A、B 两点间安置水准仪,使仪器至 A、B 两点的距离大致相等;

(3) 瞄准点 B 上的水准尺,精平后读取后视读数,记入实习报告表中后视读数栏;

(4) 瞄准点 B 上的水准尺,精平后读取前视读数,记入实习报告表中前视读数栏;

(5) 计算 A、B 两点的高差(h_{AB} = 后视读数 – 前视读数);

(6) 变换仪器高或者将水准尺转成红面,轮换小组其他成员操作。

四、注意事项

(1) 三脚架要安置稳妥,高度适中,架头大致水平,三脚架伸缩腿的固定螺旋要旋紧。

(2) 用双手取出仪器,握住一起坚实部分,用中心连接螺旋将仪器固定在三脚架上,确认连接牢固方可放手,仪器箱要随即关好。

(3) 掌握正确的操作方法,特别是圆水准器安平仪器和望远镜消除视差的方法。

(4) 要先认清水准尺的分划和注记,然后练习在望远镜内读数。

(5) 微倾式水准仪在读数前,必须使管水准器严格居中(水准器气泡两端的影像吻合)。

(6) 要爱护仪器,重视测量记录。

实验报告 1　DS3 水准仪的认识和使用

日期＿＿＿＿＿＿＿　　班级＿＿＿＿＿＿＿　　小组＿＿＿＿＿＿＿　　姓名＿＿＿＿＿＿＿

一、思考题

1. 水准仪上的圆水准器和管水准器的作用有何不同?

2. 何为视差,产生视差的原因是什么,怎样消除视差?

3. 为什么照准标尺的方向改变后,要重新用微动螺旋使水准管气泡符合?

4. 水准测量的测站检核有哪几种,如何进行?

二、实验数据记录

表 1-1　水准测量记录

仪器编号＿＿＿＿＿＿＿　　　　　　　　　填表日期:＿＿＿年＿＿月＿＿日

观测员	变换仪高	测点	读数(m)	高差(m)(＋/－)
	仪高Ⅰ	A		
		B		
	仪高Ⅱ	A		
		B		
	仪高Ⅲ	A		
		B		
	仪高Ⅳ	A		
		B		
	红面尺	A		
		B		
	红面尺	A		
		B		
	红面尺	A		
		B		
	红面尺	A		
		B		

实验 2　普通水准测量

一、实验目的与要求

(1) 掌握普通水准测量的施测、记录、计算、闭合差调整及高程计算的方法。

(2) 全组共同施测一条闭合水准路线。

二、准备工作

(1) 仪器工具：DS3 水准仪 1 台，水准尺 2 根，尺垫 2 个，记录板 1 块，自备计算器、铅笔。

(2) 人员组织：4 人 1 组，2 人扶尺，1 人观测，1 人记录，轮流操作。

(3) 场地布置：沿校园道路布设一条由 4 个水准点组成的闭合水准路线(如图 2 – 1)；各水准点依次编号 BM1，BM2，BM3，BM4。其中假设 BM1 点为已知水准点，假设其高程 $H_1 = 50$ m。

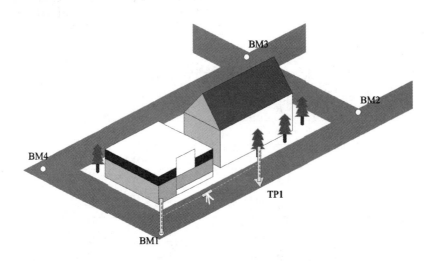

图 2 – 1　水准路线图示意图

三、实验方法与步骤

(1) 在点 BM1，BM2 之间设置转点 TP1，分别在水准点 BM1 和转点 TP1 上立尺(应在转点处放置尺垫，再将水准尺立于尺垫之上)，在两尺之间与两尺大致等距处安置水准仪(如图 2 – 1)。

(2) 先在 BM1 点上读取后视读数 a_1，再在 TP1 点上读取前视读数 b_1，将测站序号、前后点号及水准尺读数记入实习报告 2 表 2 – 1 中相应的栏内，并计算高差 $h_1 = a_1 - b_1$，第一测站完成。

（3）迁站时，将水准仪安置于 TP1 和 BM2 点的中间（前后视距大致相等，可用目估或步测）；BM1 点水准尺移至 BM2 点（待求水准点不需放置尺垫）；将转点 TP1 上水准尺转向仪器方向（尺垫不能动），分别在 TP1 点和 BM2 点上读取前视读数 a_2 和后视读数 b_2 并记录，再计算 TP1 到 BM2 点的高差 $h_2 = a_2 - b_2$。

（4）依次设站，用同样方法进行观测，直至回到出发的水准点 BM1。完成一个闭合环或两个水准点间的一个测段后交换工作，继续观测。

（5）全路线施测完毕，应作路线检核，计算所有测站前视读数之和 $\sum a$、后视读数之和 $\sum b$ 以及高差之和 $\sum h$，检核 $\sum a - \sum b = \sum h$。

（6）计算容许闭合差 $12\sqrt{N}$（N 为水准路线的测站数）检核 $\sum h \leqslant \pm 12\sqrt{N}$ mm 是否成立。如闭合差超限，则需重测。

（7）完成实习报告中表 2-2 的计算，计算调整高差闭合差并计算待求水准点 BM2、BM3、BM4 的高程 H_2，H_3，H_4。

四、注意事项

（1）前、后视距应大致相等，并且在同一测站，圆水准器只能整平一次。

（2）每次读数前，要消除视差和精平。

（3）读数时，记录者要回读数据，防止读错、听错、记错。

（4）水准尺应立直，水准点和待测点上立尺不放尺垫，只在转点处放尺垫。

（5）仪器未搬迁，前、后视点若安放尺垫则均不得移动。仪器搬迁了，后视点才能携尺和尺垫前进，但前视点尺垫不得移动。

（6）注意观测记录的填写格式，记录要书写整齐清楚，随测随记，不得重新誊写。

（7）水准测量工作要求全组人员紧密配合，互谅互让，禁止闹意见。

实验报告 2 普通水准测量

日期_____ 班级_____ 小组_____ 姓名_____

一、思考题

1. 为什么在水准测量中要求前、后视距相等？

2. 水准测量时，转点的作用是什么，转点上立尺需要注意什么？

二、实验数据记录

表 2-1 水准测量记录

仪器编号_____ 填表日期：____年____月____日

测站	测点	后视读数 (m)	前视读数 (m)	高差 (m)
1	BM1 – TP1			
	–			
	–			
	–			
	–			
	–			
	–			
	–			
	–			
	–			
	–			
	–			
	–			
	–			
	–			
	–			
	–			
总和 ∑ =				
检核		∑a − ∑b =	∑h =	

表 2 - 2 水准测量内业计算

测段号	点名	测站数 n_i	实测高差(m)	改正数(mm)	改正后高差(m)	高程(m)	备 注
1	BM1					50 m	
2	BM2						
3	BM3						
4	BM4						
Σ	BM1						

			水准路线略图
辅 助 计 算	$f_h =$ $n = \sum n_i =$ $f_{h容} =$ $-f_h / \sum n_i =$		

实验 3 经纬仪的认识与使用

一、实验目的与要求

（1）熟悉经纬仪各操作部件的名称、作用和操作方法。
（2）练习经纬仪的安置，掌握对中、整平仪器的方法。
（3）练习用经纬仪瞄准目标，消除视差的方法。
（4）掌握 DJ6 经纬仪的读数方法。

二、准备工作

（1）仪器工具：DJ6 光学经纬仪 1 台，测钎或标杆 1 根，记录板 1 块，自备铅笔。
（2）人员组织：4 人 1 组，1 人持标杆或测钎，1 人观测，1 人记录，轮流操作。
（3）场地布置：在指定场地每隔 2 m 安置经纬仪 1 台，前方 20～30 m 竖立测钎或标杆。

三、实验方法与步骤

（1）由指导教师讲解经纬仪的构造及技术操作方法。
（2）学生自己熟悉经纬仪各螺旋的功能。
（3）练习安置经纬仪，包括对中和整平两项内容。
1. 垂球对中整平法步骤
a. 移动或伸缩三脚架（粗略对中）
b. 脚架头上移动仪器（精确对中）
c. 旋转脚螺旋使水准管气泡居中（整平）
d. 反复 b、c 两步
2. 光学对中整平法步骤
a. 大致水平大致对中：眼睛看着对中器，拖动三脚架 2 个脚，使仪器大致对中，并保持"架头"大致水平。伸缩脚架粗平：根据气泡位置，伸缩三脚架 2 个脚，使圆水准气泡居中。
b. 旋转三个脚螺旋精平：按"左手大拇指法则"旋转三个脚螺旋，使水准管气泡居中。操作方法见图 3 - 1。

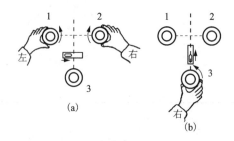

图 3 - 1 经纬仪的精平

- 转动仪器，使水准管与1，2脚螺旋连线平行。
- 根据气泡位置运用"左手大拇指法则"，对向旋转1，2脚螺旋。
- 转动仪器90°，运用"法则"，旋转3脚螺旋。

c. 架头上移动仪器，精确对中。

d. 脚螺旋精平。

e. 反复c，d两步，直至仪器既对中且管水准气泡在任何方向也居中为止。

3. 用望远镜瞄准远处目标

（1）安置好仪器后，松开照准部和望远镜的制动螺旋，用粗瞄器初步瞄准目标，然后拧紧水平和竖直制动螺旋。

（2）调节目镜对光螺旋，看清十字丝，再转动物镜对光螺旋，使望远镜内目标清晰，旋转水平微动和垂直微动螺旋，用十字丝精确照准目标，并消除视差。

4．练习水平度盘读数

5．练习用水平度盘变换手轮设置水平度盘读数

（1）用望远镜照准选定目标。

（2）拧紧水平制动螺旋，用微动螺旋准确瞄准目标。

（3）转动水平度盘变换手轮，使水平度盘读数设置到预定数值。

（4）松开制动螺旋，稍微旋转后，再重新照准原目标，看水平度盘读数是否仍为原读数，否则需重新设置。

四、注意事项

（1）经纬仪是精密仪器，使用时要十分谨慎小心，各个螺旋要慢慢转动。不准大幅度地、快速地转动照准部及望远镜。

（2）在转动照准部或望远镜时，一定要先把制动螺旋松开。

（3）瞄准目标时尽可能瞄准其底部，以减少目标倾斜所引起的误差。

（4）当一个人操作时，其他人员只作语言帮助，不能多人同时操作一台仪器。

（5）练习水平度盘读数时要注意估读的准确性。

（6）仪器安放到三脚架上或取下时，要一手先握住仪器，以防仪器摔落。

（7）日光下测量时应避免将物镜直接瞄准太阳。

实验报告3 经纬仪的认识和使用

日期_____ 班级_____ 小组_____ 姓名_____

一、思考题

1. 经纬仪为什么要对中整平之后才能测角?
2. 望远镜转动时,不松开制动螺旋对仪器有何危害?
3. 如何快速瞄准目标?为什么有时望远镜方向已经照准目标,而镜内还看不见目标?

二、实验数据记录

水平度盘读数记录表

仪器编号 _____

测站	目标	竖盘位置	水平度盘读数	备注

实验 4 测回法测量水平角

一、实验目的与要求

（1）掌握测回法测量水平角的方法、记录与计算。

（2）进一步熟悉经纬仪的构造、安置和技术操作方法。

（3）练习配置水平度盘读数的方法。

二、准备工作

（1）仪器工具：经纬仪 1 台，测钎或标杆 2 个，测伞 1 把，记录板 1 块，自备计算器、铅笔、草稿纸。

（2）人员组织：4 人 1 组，2 人持测钎或标杆，1 人观测，1 人记录，轮流操作。

（3）场地布置：在指定地面定出 O，A，B 三点并做好标志，如图 4-1 所示，OA 边在待测角 β 的左手边，OB 边在待测角度 β 的右手边；在 O 点上安置经纬仪，在点 A，B 竖立测钎或标杆。

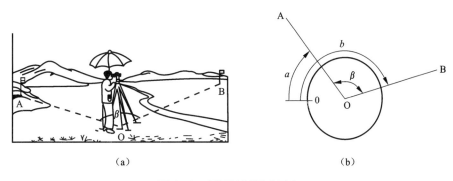

（a）   （b）

图 4-1 测回法测量水平角

三、实验方法和步骤

（1）在点 O 上安置经纬仪，对中、整平仪器。

（2）以盘左位置照准左方目标 A，配置水平度盘读数 $a_左$ 为 $0°00'00''$（或稍大一点），填入记录表内。

（3）顺时针转动仪器照准右方目标 B，记录水平度盘读数 $b_左$，记录人听到读数后，立即回报观测者，经观测者默许后，立即记入测角记录表中，以上称上半测回，上半测回角值：$\beta_左 = b_左 - a_左$。

（4）纵转望远镜（此举称倒镜）将经纬仪置盘右位置，先照准右方目标 B，读取水平度盘读数 $b_右$，并记入测角记录表中。其读数与盘左时的同一目标读数大约相差 $180°$。

（5）逆时针转动照准部，再照准左方目标 A，读取水平度盘读数 $a_右$，并记入测角记录表中。

（6）由前两步完成了下半测回的观测，记录者再算出其下半测回角值 $\beta_{右} = b_{右} - a_{右}$。

（7）至此便完成了一个测回的观测。如上半测回角值和下半测回角值之差没有超限（不超过 $\pm 40''$），则取其平均值 β 作为一测回的角度观测值，即 $\beta = (\beta_{左} + b_{右})/2$ 也就是这两个方向之间的水平角。

（8）如果观测不止一个测回，而是要观测 n 个测回，那么在每测回要重新设置水平度盘起始读数。即对左方目标每测回在盘左观测时，水平度盘应设置为 $\dfrac{180}{n}$ 的整倍数来观测。

四、注意事项

（1）在记录前，首先要弄清记录表格的填写次序和填写方法。

（2）在观测中若发现水准管气泡偏离较多，则该测回作废，重新整平后再观测。

（3）立即计算角值，如果超限，应重测。

（4）在选择目标时，最好选取不同高度的目标进行观测。

实习报告4 测回法测量水平角

日期_____ 班级_____ 小组_____ 姓名_____

一、思考题

1. 在计算角值 β 时，为用右方向读数 b 减去左方向读数 a 和用左方向读数 a 减去右方向读数 b，所得的水平角有何区别？

2. 在观测第二测回之前重新配置水平度盘对测角有何好处？

3. 在测角过程中，若动了复测扳手或水平度盘变换手轮，对角度值有何影响？

4. 经纬仪对中、整平不精确，对角值有何影响？

二、实验记录表

表4-1 测回法测量水平角实验记录表格

仪器编_____

测站	盘位	目标	水平度盘读数	半测回角值	一测回角值	各测回平均值	备　注
O	左	A					
		B					
	右	B					
		A					

实验 5　方向观测法测水平角

一、实验目的与要求

（1）掌握方向观测法测水平角的方法。
（2）理解方向法和测回法观测水平角的区别。
（3）巩固经纬仪的安置方法，提高照准精度和读数速度。

二、准备工作

（1）仪器工具：经纬仪 1 台，测钎或标杆 2 根，记录板 1 块，自备计算器，铅笔，草稿纸。
（2）人员组织：4 人 1 组，2 人持标杆或测钎，1 人观测，1 人记录，轮流操作。
（3）场地布置：如图 5-1 所示在指定地方选择安置仪器的 O 点和用于照准的 A，B，C，D 四个点。

三、实验方法和步骤

1. 安置经纬仪

在 O 点安置经纬仪，选取 A 方向作为起始零方向。

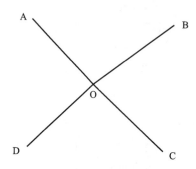

图 5-1　方向观测法观测水平角

2. 盘左

（1）大致瞄准起始方向 A，拨动水平度盘变换手轮，将水平度盘置于零度附近，精确瞄准目标 A，读取水平读盘读数 a_1，记入记录表。

（2）顺时针旋转照准部，依次照准 B，C，D 方向，并读取水平度盘读数 b，c，d，将读数值分别记入记录手簿中。

（3）继续顺时针旋转照准部至 A 方向，再读取水平度盘读数 a_2，记入记录表，a_1，a_2 之差为"半测回归零差"，若在允许范围内（参照附表 2-3），则取其平均值，否则重测。

3. 盘右

（1）照准 A 方向，并读取水平度盘读数 a_1'，记入记录表。

（2）按逆时针方向依次照准 D，C，B 方向，并读取水平度盘读数 d'，c'，b'，将读数值分别记入记录手簿中。

（3）逆时针继续旋转至 A 方向，读取零方向 A 的水平度盘读数 a_2'，a_1' 和 a_2' 之差为盘右半测回归零差，若在允许范围内（参照表 9 – 1），则取其平均数，否则该测回重测。

4. 计算

同一方向两倍照准误差 $2C = L - (R \pm 180°)$；L 为盘左读数，R 为盘右读数。各方向的平均读数 $= 1/2[L + (R \pm 180°)]$；将各方向平均读数减去起始方向的平均读数，即得到各方向归零后方向值。

5. 依上述方法观测和计算其他测回

各个测回间重新设置水平度盘起始读数，即对左方目标每测回在盘左观测时，水平度盘应设置为 $\dfrac{180°}{n}$（n 为总测回数）的整倍数来观测。最后计算各测回同一方向的平均值，并检查同一方向值各测回互差是否超限。

四、注意事项

（1）三脚架要安置稳当，仪器连接要可靠，经纬仪是精密仪器，使用时要十分谨慎小心，各个螺旋要慢慢转动，在转动望远镜和照准部前一定要把制动松开。

（2）一测回内不得两次整平仪器。

（3）选择距离适中、通视良好、成像清晰的方向作零方向。

（4）使用微动螺旋和测微螺旋时，其最后旋转方向均应为旋进。

（5）管水准器气泡偏离中心不得超过 1 格以上。

（6）进行水平角观测时，应尽量照准目标的下部。

实验报告 5 方向观测法测水平角

日期_____ 班级_____ 小组_____ 姓名_____

表5-1 水平角观测记录表(方向观测法)

天气：_____ 仪器编号：_____ 观测者：_____ 记录者：_____ 立测杆者：_____

测站	测回数	目标	盘左读数 L	盘右读数 R	$2C=L-(R\pm180°)$	方向值$=1/2[L+(R\pm180°)]$	归零方向值	各测回平均方向值	备注

实验 6　竖直角测量及竖盘指标差检验

一、实验目的与要求

（1）掌握竖直角观测、记录及计算的方法；
（2）学会竖直角及竖盘指标差的记录、计算方法。

二、准备工作

（1）仪器工具：经纬仪 1 台，记录板 1 块，自备计算器，铅笔，草稿纸。
（2）人员组织：3 人 1 组，1 人观测，1 人记录，1 人计算，轮流操作。
（3）场地布置：由实习指导老师多设置几个目标，作为各实验小组练习瞄准之用。

三、实验方法与步骤

（1）在某指定点上安置经纬仪，进行对中、整平。

（2）以盘左位置使望远镜视线大致水平。观察盘左时的竖盘始读数，记作 $L_{始}$。同样，盘右位置看盘右时的竖盘始读数，记作 $R_{始}$（一般情况下 $R_{始} = L_{始} \pm 180°$）。

（3）以盘左位置将望远镜物镜端抬高，即当视准轴逐渐向上倾斜时，观察竖盘读数是增加还是减少，借以确定竖直角和指标差的计算公式，并在实习报告的记录表中写出垂直角及竖盘指标差的计算公式。

a. 当望远镜物镜抬高时，如竖盘读数逐渐减少，则所用经纬仪的竖盘刻度为顺时针注记，盘左的竖直角为 $\alpha_{左}$，竖盘读数为 $L_{读}$，盘右的竖直角为 $\alpha_{右}$，竖盘读数为 $R_{读}$，则竖直角计算公式为：

$$\alpha_{左} = L_{始} - L_{读} , \quad \alpha_{右} = R_{读} - R_{始} 。$$

如果 $L_{始} = 90°$，$R_{始} = 270°$，则：

$$\alpha_{左} = 90° - L_{读} , \quad \alpha_{右} = R_{读} - 270°$$

竖直角　　　$$\alpha = \frac{1}{2}(\alpha_{左} + \alpha_{右}) = \frac{1}{2}(R_{读} - L_{读} - 180°)$$

竖盘指标差　$$x = \frac{1}{2}(\alpha_{左} - \alpha_{右}) = \frac{1}{2}[360° - (L_{读} + R_{读})]$$

b. 当望远镜物镜抬高时，如竖盘读数逐渐增大，则竖盘为顺时针注记，竖直角计算公式为：

$$\alpha_{左} = L_{读} - L_{始} , \quad \alpha_{右} = R_{始} - R_{读}$$

如果 $L_{始} = 90°$，$R_{始} = 270°$，则：

$$\alpha_{左} = L_{读} - 90° , \quad \alpha_{右} = 270° - R_{读} ;$$

竖直角　　　$$\alpha = \frac{1}{2}(\alpha_{左} + \alpha_{右}) = \frac{1}{2}(L_{读} - R_{读} + 180°)$$

竖盘指标差　$$x = \frac{1}{2}(\alpha_{左} - \alpha_{右}) = \frac{1}{2}(L + R - 360°)$$

c. 必须注意，x 值有正有负，盘左位置观测时用 $\alpha = \alpha_{左} - x$ 计算就能获得正确的竖直角

α；而盘右位置观测用 $\alpha = \alpha_左 + x$ 计算才能获得正确的竖直角 α。

d. 用上述公式算出的竖直角 α 其符号为" + "时，α 为仰角；其符号为" – "时，α 为俯角。

（4）用测回法测定竖直角，其观测程序如下：

a. 安置好经纬仪后，盘左位置照准目标，转动竖盘指标水准管微动螺旋，使水准管气泡居中（符合气泡影像）后，读取竖直度盘的读数 $L_读$。记录者将读数值 $L_读$ 记入竖直角测量记录表中。

b. 根据竖直角计算公式，在记录表中计算出盘左时的竖直角 $\alpha_左$。

c. 再用盘右位置照准目标，转动竖盘指标水准管微动螺旋，使水准管气泡居中（符合气泡影像）后，读取其竖直度盘读数 $R_读$。记录者将读数值 $R_读$ 记入竖直角测量记录表中。

d. 根据竖直角计算公式，在记录表中计算出盘右时的竖直角 $\alpha_右$。

e. 计算一测回竖直角值和指标差。

（5）每人至少向同一目标观测两个测回，或向不同目标各观测一个测回，指标差对于某一台仪器为一常数，因此，各次测得指标差之差不应大于 $20''$。

四、注意事项

（1）用光学经纬仪中丝读数前，应使竖盘指标水准管气泡居中。

（2）计算竖直角和指标差时，应特别注意正负号。

（3）观测时尽量用十字丝交点来照准目标，对同一目标要用十字丝横丝切准相同部位。

实验报告6　竖直角测量及竖盘指标差检验

日期_____　班级_____　小组_____　姓名_____

一、思考题

1. 竖直角观测与水平角观测有哪些异同？

2. 每次读数前使竖直度盘指标水准管气泡居中的目的是什么？

3. 什么叫竖直角？用经纬仪瞄准同一竖直面内不同高度上的两个点，在竖盘上的读数差是否就是竖直角？

二、实验记录表

表6-1　竖直角观测记录表

仪器编号_____　天气_____　班组_____　观测者_____　记录者_____

测站	目标	竖盘位置	竖盘读数	半测回竖直角	两倍指标差	一测回竖直角	各测回竖直角的平均值	垂直角计算公式
		左						
		右						
		左						
		右						
		左						
		右						
		左						$\alpha_左 =$
		右						$\alpha_右 =$
		左						
		右						
		左						
		右						

实验 7　视距测量及视距、三角高程的计算

一、实验目的与要求

（1）掌握视距测量的观测方法。

（2）熟悉视线水平与视线倾斜情况下的视距计算公式与计算方法。

二、准备工作

（1）仪器工具：经纬仪 1 台，视距尺 1 根，卷尺 1 把。

（2）人员组织：3~4 人 1 组，1 人观测，1 人记录，1 人立尺，轮流操作。

（3）场地布置：指定实习地点。

三、实验步骤与方法

（1）在实习场地选择一测点 A，在 A 点上安置经纬仪（对中、整平）。

（2）用卷尺量取经纬仪高 i（自桩顶量至望远镜横轴中心），填入记录手簿。

（3）司尺员将视距尺立于待测点 B 上。

（4）瞄准标尺，调节竖盘微动螺旋，使竖盘指标水准管气泡居中后，分别读取下丝、上丝、并将视线大致水平（竖盘读数为 90°或 270°），分别读取下丝读数 N、上丝读数 M、中丝读数 V 和竖盘读数 L，记入观测手簿。

（5）分别计算测站点 A 和标尺点 B 之间的水平距离和高差：

$$D_{AB} = K \cdot l \cdot \cos^2\alpha；h_{AB} = D_{AB} \cdot \tan\alpha + i - V$$

其中：$K = 100$；$l = |M - N|$，即用上下丝读数相减取绝对值；

$\alpha = 90° - L$（度盘顺时针刻划）；i：仪器高；V：即中丝在视距尺上的读数。

视距测量计算的结果写入"视距测量记录"表中。

（6）每组同学各人轮换测量周围五个固定点（自己选定点后做标记），将观测数据记录在视距测量观测数据记录表中，用电子计算器计算出水平距离和高差。

四、注意事项

（1）为减少垂直折光的影响，观测时应尽可能使视线离地面 1 m 以上。

（2）作业时，要将视距尺竖直，并尽量采用带有水准器的视距尺。

（3）对于初学者，为便于观测，选取的 A、B 两点相距不宜过远，以 60~70 m 为宜。

（4）视距尺一般应是厘米刻划的整体尺。如果使用塔尺应注意检查各节尺的接头是否准确。

（5）要在成像稳定的情况下进行观测。

实验报告 7　视距测量及视距、三角高程的计算

日期＿＿＿＿＿＿＿　　班级＿＿＿＿＿＿＿　　小组＿＿＿＿＿＿＿　　姓名＿＿＿＿＿＿＿

一、思考题

1. 视距测量与钢尺量距、皮尺量距相比,其精度如何,有何优缺点?其高程测量与水准测量相比,其精度如何,有何优缺点?

二、实习记录

表 7-1　视距测量记录

仪器编号＿＿＿＿＿＿＿＿＿＿＿＿＿　记录者＿＿＿＿＿＿＿＿＿＿＿＿＿　计算者＿＿＿＿＿＿＿＿＿＿＿

测站（高程）仪器高	照准点号	下丝读数上丝读数视距 $l(\mathrm{m})$	中丝读数 V（m）	竖盘读数 L	竖直角 α	水平距离（m）	高差（m）	高程（m）

实验 8　全站仪的认识和使用

一、实验目的与要求

(1) 熟悉全站仪各主要按钮的名称、功能和作用。

(2) 练习全站仪对中、整平、瞄准、操作的方法。

(3) 要求每位同学熟悉全站仪的各个螺旋及全站仪的显示面板的功能等。

(4) 掌握全站仪的测角、测距和坐标测量的操作方法。

(5) 能够正确快速地安置全站仪，并能进行定向、输入测站点数据信息(测站点坐标、定向点坐标、仪器高、棱镜高)等工作。

二、准备工作

(1) 仪器工具：全站仪 1 套，棱镜 1 套，对讲机 1 对，测伞 1 把，记录板 1 块，自备铅笔、小刀、草稿纸。

(2) 人员组织：4 人 1 组，1 人持棱镜，1 人观测，1 人纪录，轮流操作。

(3) 场地布置：在指定地点安置全站仪和棱镜。

三、实验方法和步骤

1. 全站仪的认识

(1) 全站仪有许多型号，其外形、体积、重量、性能各不相同，本实验主要介绍全站仪的一些通用功能：角度测量、距离测量及坐标测量。

(2) 由教师示范并讲解全站仪器各部分的名称，作用，操作方法及注意事项。

2. 仪器安置

(1) 如图 8-1 在实验场选定一点 O，作为测站，另外两点 A，B 作为观测点。

(2) 各组在指定地点安置全站仪，对中、整平后打开电源开关；转动仪器照准部及望远镜 1 周，完成仪器的初始化。

(3) 量取仪器高，并记入表 8-2 仪器高栏。

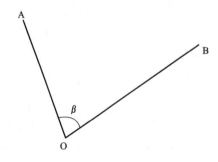

图 8-1　场地布置图

3．角度测量

（1）进入测角模式，盘左瞄准目标 A，按置零键，使水平度盘显示为 0°00′00″。

（2）顺时针旋转照准部，瞄准右目标 B，读取显示读数。

（3）纵转望远镜，盘右瞄准目标 B，读取显示读数。

（4）逆时针旋转照准部，瞄准右目标 A，读取显示读数。

（5）完成水平角 ∠AOB 一个测回的测量。

（6）如需测竖直角，可在读取水平度盘的同时读取竖盘的读数。

4．距离测量

（1）进入测距模式，照准棱角中心，按测距键测量距离。

（2）记录显示的倾斜距离，水平距离，高差及棱镜高。

5．坐标测量

（1）进入坐标测量模式。

（2）设站：根据实验报告中表 8 – 3 坐标测量所给 O 点数据，第一个操作的同学用第一行数据，则 O 点坐标 $X_o = 300.012$；$Y_o = 500.428$，以此进行设站，并量取仪器高，填入记录表。

（3）后视定向：输入后视方位角 α_{OA}，第一个操作的同学用第一行数据，则 $\alpha_{OA} = 01°42′13″$，并以此进行定向。

（4）瞄准棱镜中心，按坐标测量键测量 B 点或其他点坐标。

（5）小组其他成员轮流操作，设站和定向数据可由实验报告表 8 – 3 坐标测量表格中得到。

在测量过程中，完成一组观测后，交换工种轮流操作。记录、计算观测成果，每人交 1 份。

四、注意事项

（1）全站仪属精密、贵重仪器，使用时必须严格遵守操作规程。

（2）全站仪在迁站时，即使很近，也应取下仪器装箱。

（3）在阳光下或阴雨天气进行作业时，应打伞遮阳、遮雨。

（4）在整个操作过程中，观测者不得离开仪器，以避免发生意外事故。

（5）仪器应保持干燥，遇雨后应将仪器擦干，放在通风处，完全晾干后才能装箱。

（6）禁止用手触摸仪器物镜及棱镜表面。

（7）运输过程中必须注意防震，长途运输最好装在原包装箱内。

（8）操作前应认真听指导老师讲解，不明白操作方法与步骤者，不得操作仪器。

实验报告8　全站仪的认识和使用

日期＿＿＿＿＿＿＿＿　　班级＿＿＿＿＿＿＿＿　　小组＿＿＿＿＿＿＿＿　　姓名＿＿＿＿＿＿＿＿

表8-1　角度测量

仪器编号＿＿＿＿＿＿＿

测站	盘位	测点	水平度盘读数	水平角	竖直度盘读数	竖直角
	左	A				
		B				
	右	A				
		B				

表8-2　距离测量

仪器编号＿＿＿＿＿＿＿

测站	仪器高	棱镜高	斜距	平距	高差

表8-3　坐标测量

仪器编号＿＿＿＿＿＿＿

测站（坐标）		仪器高	后视方位角	棱镜高	待测点坐标		
X(m)	Y(m)				X(m)	Y(m)	Z(m)
300.012	500.428		01°42′13″				
200.924	625.129		45°06′52″				
524.238	945.275		62°28′17″				
349.867	754.672		95°12′46″				

实验9 导线测量

一、实验目的与要求

（1）掌握导线的布设方法和施测步骤。

（2）进一步熟悉水平角的观测方法。

（3）掌握导线计算的方法和步骤。

二、准备工作

（1）仪器工具：经纬仪1台，钢尺1把，标杆2根，记录板1块（或全站仪及脚架1套，棱镜及对中杆，对中架2套，记录板1块）。

（2）人员组织：4~5人一组，如选经纬仪和钢尺做导线测量，则测角时1人观测，1人记录，两人分别持前后视花杆；测边时1人持前尺，1人持后尺，1人记录。（如选全站仪和棱镜进行导线测量，则1人观测，1人记录，2人分别司前后视）。

（3）场地布置：在指定实习场地，选定4~6个导线点组成闭合导线，如图9-1。

三、实验方法步骤

1. 外业观测

（1）选点：根据选点注意事项，在测区内选定4~6个导线点组成闭合导线，在各导线点打下木桩，钉上小钉或用油漆标定点位，绘出导线略图（如图9-1）。

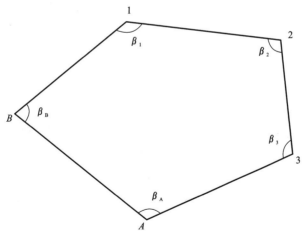

图9-1 导线选点略图

（2）量距：用钢尺往、返丈量各导线边的边长（读至mm），若相对误差小于1/3 000，则取其平均值（或用全站仪直接观测边长）。

（3）测角：采用经纬仪（或全站仪）测回法观测闭合导线各转折角（内角），每角观测一个测回，若上、下半测回差不超 ±40″，则取平均值。

2．内业计算

（1）检查核对所有已知数据和外业数据资料。

（2）角度闭合差的计算和调整：

角度闭合差：$f_\beta = \sum\beta - (n-2) \cdot 180°$，限差：$f_{\beta容} = \pm 40″\sqrt{n}$

（3）坐标方位角的推算：

顺时针编号时为 $\alpha_前 = \alpha_后 + 180° - \beta_右$；若逆时针编号时为 $\alpha_前 = \alpha_后 + \beta_左 - 180°$。由起始边 α_{AB} 算起，应再算回 α_{AB}，并校核无误（若不知 α_{AB}，则可假设其等于某一个值，再进行计算）。

（4）坐标增量计算：$\Delta X_{AB} = D_{AB} \cdot \cos\alpha_{AB}$，$\Delta Y_{AB} = D_{AB} \cdot \sin\alpha_{AB}$

（5）坐标增量闭合差的计算和调整：

纵坐标增量闭合差：$f_X = \sum\Delta X_测$；横坐标增量闭合差：$f_Y = \sum\Delta Y_测$；

导线全长绝对闭合差：$f = \sqrt{f_X^2 + f_Y^2}$；导线全长相对闭合差：$K = \dfrac{f}{\sum D}$。

若 $K < \dfrac{1}{2000}$，符号精度要求，可以平差。将 $\sum V_X$、f_Y 按符号相反，边长成正比例的原则分配给各边，余数分给长边。各边分配数如下：

$$V_{Xi} = -\frac{f_X}{\sum D} \cdot D_i ; \quad V_{Yi} = -\frac{f_Y}{\sum D} \cdot D_i$$

分配后要符合：$\sum V_X = -f_X$；$\sum V_Y = -f_Y$

（6）坐标计算：

由 X_B，Y_B 算起，$X_1 = X_B + \Delta X_{B1}$；$Y_1 = Y_B + \Delta Y_{B1}$，依次算出 2，3，A 点坐标，再算回 X_B，Y_B，并校核无误。若不知 B 点坐标，可假定 B 点坐标再进行计算。

四、注意事项

（1）相邻导线点间应互相通视，边长以 60～80 m 为宜。若边长较短，测角时应特别注意提高对中和瞄准的精度。

（2）测边长时，如用钢尺量距，需要先进行直线定线。

（3）如使用全站仪观测，在迁站时，即使很近，也应取下仪器装箱。

（4）在阳光下或阴雨天气进行作业时，应打伞遮阳、遮雨。

（5）在整个操作过程中，观测者不得离开仪器，以避免发生意外事故。

（6）在测站检核合格的情况下，再迁站；在闭合差合格情况下再进行坐标计算。

实验报告 9　导线测量

日期_____　　班级_____　　小组_____　　姓名_____

表 9 − 1　导线测量记录表

仪器编号 _____ 观测者 _____ 记录者 _____ 日期 _____ 天气_____

测站	竖盘位置	目标	水平度盘读数	半测回角值	一测回角值	水平距离（m）	边名（m）
	左						
	右						
	左						
	右						
	左						
	右						
	左						
	右						
	左						
	右						
	左						
	右						

表9-2　导线坐标计算表

点号	角度观测值	改正数	改正后角度	方位角	水平距离 m	坐标增量		改正后坐标增量		坐标		点号
						$\Delta X/m$	$\Delta Y/m$	$\Delta X/m$	$\Delta Y/m$	X/m	Y/m	
Σ												

辅助计算	导线略图：

实验 10 四等水准测量

一、实验目的与要求

1. 掌握四等水准测量的施测、记录及高程计算的方法。
2. 学会用双面水准尺进行四等水准测量的观测、记录、计算方法。
3. 熟悉四等水准测量的主要技术指标，掌握测站及水准路线的检核方法。

二、准备工作

1. 仪器工具：水准仪 1 台，双面水准尺 2 根，尺垫 2 个，记录板 1 块，自备计算器、铅笔、小刀、计算用纸。
2. 人员组织：4 人 1 组，2 人扶尺，1 人观测，1 人记录，轮流操作。
3. 场地布置：同实验 2。

三、实验方法与步骤

1. 实验 2 场地布置

选定一条闭合水准路线，沿线标定待定点的地面标志。

2. 在起点与第一个立尺点之间设站（后视距和前视距差应小于 5 m）

安置好水准仪后，按以下顺序观测。

(1) 后视黑面尺，读取下、上丝读数，记入四等水准测量记录表（表 10 - 1）的①、②栏中；精平，读取中丝读数，记入③栏中。

(2) 前视黑面尺，读取下、上丝读数；精平，读取中丝读数；分别记入记录表④、⑤、⑥栏中；前视红面尺，精平，读取中丝读数；记入记录表⑦栏中。

(3) 后视红面尺，精平，读取中丝读数；记入记录表⑧栏中。

这种观测顺序简称"后—前—前—后"，也可采用"后—后—前—前"的观测顺序。

3. 要随测随记

测量时正确填写观测记录，及时进行各项计算和检核计算。

(1) 视距计算和检核：

后视距⑨ = 100 × (① - ②)；前视距⑩ = 100 × (④ - ⑤)；

前后差⑪ = ⑨ - ⑩；要求⑪不超过 5 m。

前后视距累计差⑫ = 上站⑫ + 本站⑪，要求⑫不超过 10 m。

2) 水准尺读数计算和检核：

a. 同一水准尺，红黑面读数差检核⑬ = ⑥ + K - ⑦；⑭ = ③ + K - ⑧，要求⑬、⑭均不超过 3 mm；其中 K 为 4.687m 或 4.787 m。

b. 同一测站，黑所测高差⑮ = ③ - ⑥；红所测高差⑯ = ⑧ - ⑥；红黑面高差之差(17) = ⑮ ± 0.100 - ⑯；要求⑰不超过 5 mm；测站高差观测值⑱ = $\frac{1}{2}$(⑮ + ⑯ ± 0.100)。

每站应完成各项检核计算，全部合格之后方可迁站，同法施测其他各站。每页水准测量记录的计算检核。

（1）视距差检核：

$\sum ⑨ - \sum ⑩ =$ 本页末站⑫ - 前页末站⑫；本页总视距 $\sum ⑨ + \sum ⑩$。

（2）高差检核：

$\sum ③ - \sum ⑥ = \sum ⑮$ 　　$\sum ⑧ - \sum ⑦ = \sum ⑯$

对于偶数测站：$\sum ⑮ + \sum ⑯ = 2 \sum ⑱$；

对于奇数测站：$\sum ⑮ + \sum ⑯ \pm 0.100 = 2 \sum ⑱$。

6．全路线施测完毕后计算：

（1）路线总长（即各站前、后视距之和）；

（2）各站前、后视距差之和（应与最后一站累积视距差相等）；

（3）各站后视读数和、各站前视读数和、各站高差中数⑱之和。

（4）路线闭合差要求 $\leqslant 20 \sqrt{L}$ 或 $6 \sqrt{n}$（其中 L 为水准路线总长，以 km 为单位，n 为水准线路总测站数）。

（5）用近似平差求各待定点的高程。

四、注意事项

（1）四等水准测量比工程水准测量有更严格的技术规定，要求达到更高的精度，其关键在于：前后视距相等（在限差以内）。

（2）从后视转为前视（或相反）望远镜不能重新调焦。

（3）水准尺应完全竖直，最好用附有圆水准器的水准尺。

（4）记录者要认真负责，当听到观测值所报读数后，要回报给观测者，经默许后，方可记入记录表中。如果发现有超限现象，立即告诉观测者进行重测。

（5）每站观测结束，已经立即进行计算和进行规定的检核，若有超限，则应重测该站。全线路观测完毕，线路高差闭合差在容许范围以内，方可收测，结束实验。

实验报告 10　四等水准测量

日期_____　　班级_____　　小组_____　　姓名_____

表 10 - 1　四等水准测量记录表

仪器编号：　　　　　观测者：　　　　　记录者：　　　　　　　　　　第　页

测站编号	点号	后尺	下丝	前尺	下丝	方向及尺号	标尺读数(m)		黑 + K - 红 (mm)	高差中数 (m)	备注
			上丝		上丝		黑面	红面			
		后视距(m)		前视距(m)							
		视距差 d(m)		$\sum d$(m)							
		①		④		后	③	⑧	⑭		
		②		⑤		前	⑥	⑦	⑬	⑱	
		⑨		⑩		后 - 前	⑮	⑯	⑰		
		⑪		⑫							
						后					
						前					
						后 - 前					
						后					
						前					
						后 - 前					
						后					
						前					
						后 - 前					K 为水准尺常数
						后					
						前					
						后 - 前					
						后					
						前					
						后 - 前					

续表 10 – 1

测站编号	点号	后尺	下丝	前尺	下丝	方向及尺号	标尺读数(m)		黑+K−红(mm)	高差中数(m)	备 注
			上丝		上丝		黑面	红面			
		后视距(m)		前视距(m)							
		视距差 d(m)		$\sum d$(m)							
						后					
						前					
						后 − 前					
						后					
						前					
						后 − 前					
						后					K 为水准尺常数
						前					
						后 − 前					
						后					
						前					
						后 − 前					
						后					
						前					
						后 − 前					

检核计算	$\sum ⑨ - \sum ⑩ =$ $\sum ③ - \sum ⑥ =$ $\sum ⑧ - \sum ⑦ =$ $\sum ⑨ + \sum ⑩ =$ $\sum ⑮ =$ $\sum ⑯ =$ $\sum ⑮ + \sum ⑯ =$ $2\sum ⑱ =$

表 10－2 水准测量成果计算表

点 号	距 离 （km）	观测高差（m）		高差改正数（m）	改正高差 （mm）	高 程 （m）	备 注
		＋	－				
Σ							
辅助计算	$f_h =$ $f_{h容} =$ $n = \sum n_i =$ $-\dfrac{f_h}{\sum n_i} =$					水准路线略图	

实验 11　GPS 认识和使用

一、实验目的与要求

（1）熟悉普通大型静态 GPS 接收机各部件的名称、功能和作用。
（2）学会使用 GPS 接收机进行野外观测。

二、准备工作

（1）仪器工具：GPS 接收机 1 台，对讲机 1 台，钢卷尺 1 把，自备钟表、纸、笔。
（2）人员组织：4 人 1 组，轮流操作。
（3）场地布置：指定场地。

三、实验方法和步骤

1. GPS 接收机的认识

由于不同的 GPS 接收机型号其外形有区别，操作方法也不尽相同，故此部分由指导老师根据实习所用接收机类型详细讲解。主要包括 GPS 接收机的各个部件，包括显示灯、按钮、接口等。

2. 安置 GPS 接收机

将三脚架张开，架头大致水平，高度适中，使脚架稳定（踩紧）。然后用连接螺旋将 GPS 接收机连同基座固定在三脚架上，使基座对中整平。

3. 量取天线高

在每时段观测前、后各量取天线高一次，精确至毫米。采用倾斜测量方法，从脚架互成 120℃的三个空挡测量接收机相位中心所在平面与地面点中心的距离（如图 11-1），互差小于 3 mm，取平均值。并记录于表 11-1。

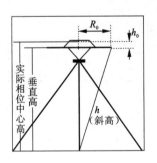

图 11-1　量取天线高示意图

4. 数据采集前的设置

设置数据采集的卫星截止高度角，数据采样间隔（有些接收机需要在作业前通过连接 PC 机，利用配套软件进行设置）。

5．开机观测

根据作业计划，在规定的时间内开机。在 GPS 接收机接收卫星信号过程中注意观察接收机数据记录指示灯、电源指示等情况，同时做好每一个测站记录，包括：①天线高；②观测时段，即开、关机时间；③接收机序列号；④地面点号；⑤天线类型；⑥天线高量取方式；⑦接收机类型等内容，填入实验报告中表格。

6．关机

根据作业计划，在规定的时间内关机。关机前按顺序做好以下工作：

（1）检查对中整平、卫星状况，再次量取天线高；

（2）按电源键关机；

（3）再拆天线、机座，装箱。

7．数据处理

将各小组数据下载到电脑上，组成同步基线进行解算，最后进行基线网平差。

四、注意事项

（1）进行 GPS 数据采集前，一定要对中整平，圆气泡必须严格居中。

（2）必须严格按照相应仪器操作手册进行接线和操作，以保证能够获得符合要求的成果。

（3）不应在电压低的情况下（电源指示灯为红色）长时间工作，否则数据质量会受到影响。

（4）搬运主机时，要十分小心。开箱前轻轻放好箱子，让仪器箱的盖子朝上，打开箱子的锁栓。

（5）不用时 GPS 接收机应存放在干燥、安全的地方，避免受潮及碰撞。

（6）在作业过程中不能随意开关电源。

（7）不得在接收机附件（5 m 以内）使用手机、对讲机等通讯工具，以免干扰卫星信号。

实验报告 11 GPS 认识和使用

日期＿＿＿＿＿＿ 班级＿＿＿＿＿＿ 小组＿＿＿＿＿＿ 姓名＿＿＿＿＿＿

一、思考题

1. 为何要求 GPS 接收机应安置在高度角大于 15°的地方？高度角设置过低，对观测结果会产生什么影响？

2. 在作业过程中为什么不能随意开关电源？

二、实验记录

表 11-1 GPS 认知实验记录表

观测者姓名＿＿＿＿＿＿＿＿＿＿	日　期＿＿＿＿年＿＿＿月＿＿＿日
测　站　名＿＿＿＿＿＿＿＿＿＿	测站号＿＿＿＿＿＿时段号＿＿＿＿＿＿
天 气 状 况＿＿＿＿＿＿＿＿＿＿	

测站近似坐标：	本测站为
经度:E ＿＿＿＿＿° ＿＿＿＿＿'	□＿＿＿＿＿＿＿＿＿新点
纬度:N ＿＿＿＿＿° ＿＿＿＿＿'	□＿＿＿＿＿＿＿＿＿等大地点
高程:(m)＿＿＿＿＿＿＿＿＿＿＿	□＿＿＿＿＿＿＿＿＿等水准点
	点名 ＿＿＿＿＿＿＿＿＿＿＿＿

记录时间:□北京时间   □UTC   □区时

开机时间＿＿＿＿＿＿＿＿＿   结束时间＿＿＿＿＿＿＿＿＿

接收机号＿＿＿＿＿＿＿＿＿   天线号＿＿＿＿＿＿＿＿＿

天线高(测前):(m)＿＿＿＿＿＿＿＿＿

1.＿＿＿＿＿＿ 2.＿＿＿＿＿＿ 3.＿＿＿＿＿＿ 平均值＿＿＿＿＿＿

天线高(测后):(m)＿＿＿＿＿＿＿＿＿

1.＿＿＿＿＿＿ 2.＿＿＿＿＿＿ 3.＿＿＿＿＿＿ 平均值＿＿＿＿＿＿

天线高量取方式略图	测站略图及障碍物情况

备　注：

第二章　测量综合应用和提高训练

实验 12　经纬仪碎部测量

一、实验目的和要求

（1）熟悉经纬仪视距法测图时一个测站上的工作内容及工作步骤。

（2）掌握选择地形点的要领。

（3）练习地形图测量中的观测、记录、计算和绘图等各项工作。

二、准备工作

（1）仪器工具：经纬仪 1 台，视距尺 1 根，测钎或标杆 1 根，记录板 1 块，绘图板，量角器，直尺，铅笔，测图纸。

（2）人员组织：3 ~ 4 人 1 组，1 人跑尺，1 人观测，1 人计算及绘图，轮流操作。

（3）场地布置：在指定地点安置经纬仪，在地形点上立视距尺。

三、实验方法和步骤

（1）将测区内的控制点按其坐标展绘于测图纸上。

（2）将仪器安置于测站点 A（控制点）上，如图 12 – 1 所示，并量取仪器高 i 填入表 12 – 1 仪器高栏。

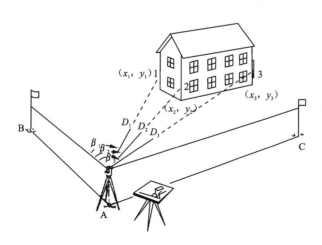

图 12 – 1　经纬仪碎布测量

（3）定向置水平度盘读数为 $0°00'00''$，后视另一控制点 B。

（4）立尺员依次将尺立在地物、地貌特征点上。立尺前，立尺员应弄清实测范围和实地情况，选定立尺点，并与观测员、绘图员共同商定跑尺路线。

（5）观测转动照准部，瞄准标尺，读视距间隔，中丝读数，竖盘读数及水平角。

（6）记录将测得的视距间隔、中丝读数、竖盘读数及水平角依次填入手簿。对于有特殊作用的碎部点，如房角、山头、鞍部等，应在备注中加以说明。

（7）依视距，竖盘读数或竖直角度，用计算器计算出碎部点的水平距离和高程。

（8）展绘碎部点用细针将量角器的圆心插在图上测站点 A 处，转动量角器，将量角器上等于水平角值的刻划线对准起始方向线，此时量角器的零方向便是碎部点方向，然后用测图比例尺按测得的水平距离在该方向上定出点的位置（如图 12 - 2 所示），并在点的右侧注明其高程。

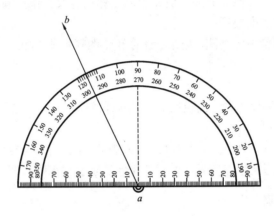

图 12 - 2　碎部点方向的展绘

（9）一定数量碎部点后，重新照准起始方向，检查水平度盘读数是否有变动（归零）。

（10）填写观测数据，计算碎部测量成果，每人交 1 份。

四、注意事项

（1）观测时视距尺必须立直，要求远、近、高、低都测量一定的碎部点。

（2）计算高差时要注意高差的符号。

（3）读竖盘读数时，必须使竖盘指标水准管居中。

实验报告 12 经纬仪碎部测量

日期＿＿＿＿＿＿ 班级＿＿＿＿＿＿ 小组＿＿＿＿＿＿ 姓名＿＿＿＿＿＿

一、练习题

按下图给出的地形点及地性线位置(实线为山脊线，虚线为山谷线)内插法绘等高线。要求等高距为 1 m(50、55、60 m 的等高线应加粗)。

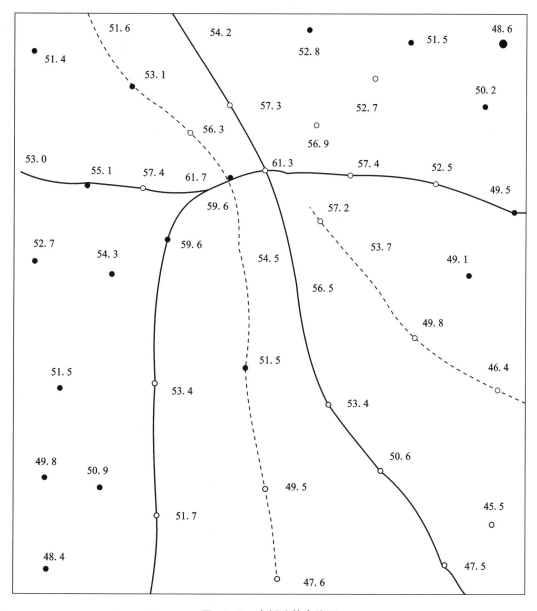

图 12－3 内插法等高线图

二、实验记录

表 12 – 1 碎部测量记录表

日期：_____ 年 __ 月 __ 日　　　　班级：_____　小组：_____　记录者：_____

测站：_____　后视点：_____　仪器高 i：_____　测站高程：_____

观测点	视距间隔(m)	中丝读数(m)	竖盘度数	竖直角	高差(m)	水平角	平距(m)	高程(m)	备注

教师：

实验 13　全站仪大比例尺数字测图

一、实验目的与要求

1. 掌握用全站仪进行大比例尺地面数字测图外业数据采集的作业方法和内业成图的方法,学会使用数字测图系统软件(如 CASS7.0)。
2. 全站仪地面数字测图外业数据采集。
3. 全站仪数字化测图的内业成图。

二、准备工作

1. 仪器设备:全站仪 1 套(充好电),卷尺 1 把,棱镜及对中杆 1 套,对讲机 1 对,计算机 1 台(含绘图软件),铅笔,草稿纸。
2. 人员组织:3~4 人 1 组,观测 1 人,跑尺 1 人,绘草图 1 人。

三、实验方法和步骤

1. 草图法数字测图的流程

(1)外业使用全站仪测量碎部点三维坐标的同时,绘图员绘制碎部点构成的地物形状和类型并记录下碎部点点号(必须与全站仪自动记录的点号一致)。

(2)内业将全站仪或电子手簿记录的碎部点三维坐标,通过 CASS 传输到计算机、转换成 CASS 坐标格式文件并展点,根据野外绘制的草图在 CASS 中绘制地物。

2. 全站仪野外数据采集步骤

(1)安置仪器:在控制点上安置全站仪,检查中心连接螺旋是否旋紧,对中、整平、量取仪器高、开机。

(2)创建工作文件:在全站仪菜单中,选择"数据采集"进入"选择一个文件",输入一个文件名后确定,即完成文件创建工作,此时仪器将自动生成两个同名文件,一个用来保存采集到的测量数据,一个用来保存采集到的坐标数据。

(3)输入测站点:输入一个文件名,回车后即进入数据采集之输入数据窗口,按提示输入测站点点号及标识符、坐标、仪高,后视点点号及标识符、坐标、镜高,仪器瞄准后视点,进行定向。

(4)测量碎部点坐标:仪器定向后,即可进入"测量"状态,输入所测碎部点点号、编码、镜高后,精确瞄准竖立在碎部点上的反光镜,按"坐标"键,仪器即测量出棱镜点的坐标,并将测量结果保存到前面输入的坐标文件中,同时将碎部点点号自动加 1 返回测量状态。再输入编码、镜高,瞄准第 2 个碎部点上的反光镜,按"坐标"键,仪器又测量出第 2 个棱镜点的坐标,并将测量结果保存到前面的坐标文件中。按此方法,可以测量并保存其后所测碎部点的三维坐标。

3. 下传碎部点坐标

完成外业数据采集后,使用通讯电缆将全站仪与计算机的 COM 口连接好,启动通讯软件,设置好与全站仪一致的通讯参数后,执行下拉菜单"通讯/下传数据"命令;在全站仪上的内存管理菜单中,选择"数据传输"选项,并根据提示顺序选择"发送数据"、"坐标数据"和"选择文件",然后在全站仪上选择确认发送,再在通讯软件上的提示对话框上单击"确定",即可将采集到的碎部点坐标数据发送到通讯软件的文本区。

4.格式转换

将保存的数据文件转换为成图软件(如 CASS)格式的坐标文件格式。执行下拉菜单"数据/读全站仪数据"命令,在"全站仪内存数据转换"对话框中的"全站仪内存文件"文本框中,输入需要转换的数据文件名和路径,在"CASS 坐标文件"文本框中输入转换后保存的数据文件名和路径。这两个数据文件名和路径均可以单击"选择文件",在弹出的标准文件对话框中输入。单击"转换",即完成数据文件格式转换。

5.展绘碎部点、成图

执行下拉菜单"绘图处理/定显示区"确定绘图区域;执行下拉菜单"绘图处理/展野外测点点位",即在绘图区得到展绘好的碎部点点位,结合野外绘制的草图绘制地物;再执行下拉菜单"绘图处理/展高程点"。经过对所测地形图进行屏幕显示,在人机交互方式下进行绘图处理、图形编辑、修改、整饰,最后形成数字地图的图形文件,通过自动绘图仪绘制地形图。

四、注意事项

(1)控制点数据由指导教师统一提供。

(2)在作业前应做好准备工作,全站仪的电池、备用电池均应充足电。

(3)用电缆连接全站仪和计算机时,应选择与全站仪型号相匹配的电缆,小心稳妥地连接。

(4)采用数据编码时,数据编码要规范、合理。

(5)外业数据采集时,记录及草图绘制应清晰、信息齐全。不仅要记录观测值及测站有关数据,同时还要记录编码、点号、连接点和连接线等信息,以方便绘图。

(6)数据处理前,要熟悉所采用软件的工作环境及基本操作要求。

五、思考题

(1)简述野外数据采集的步骤。

(2)外业测量时如何进行定向?

(3)内业绘图中常用的地形图图式有哪些?

实验 14　地形图的应用

一、实验目的

（1）练习应用地形图解决工程上的若干问题。
（2）能熟练地对地形图做一些基本的分析和计算。

二、准备工作

仪器设备：直尺，圆规，铅笔，橡皮。

三、实验方法和步骤

1. 按给定坡度，在地形图上选择最短路线

（1）按限制坡度求出图上等高线间的最小平距 $d = D/M = h/iM$，（其中 i 为按给定坡度，D 为等高线间实际平距）。

（2）从 1 点起，以 d 为半径，做弧相交相邻等高线于 2 点；从 2 点起，以 d 为半径，做弧相交相邻等高线于 3 点；…；直至目的地 n 点。

（3）从 1 点开始，把 n 个点用折线连接。有时路线不止一条，应选施工方便，经济合理的一条。

（4）按（1）～（3）步骤，完成实验报告练习 1。

2. 在地形图上按一定方向绘制断面图

（1）绘制直角坐标系，以横坐标轴表示水平距离，其比例尺通常与地形图比例尺相同；纵坐标轴表示高程，其比例尺通常为水平距离比例尺的 10～20 倍，在纵轴上注明高程。

（2）确定断面点，按给定方向上，分别量取各等高线与起点的水平距离，在横坐标上相应距离作坐标纵轴的平行线，与相应高程的交点即为断面点。

（3）将各断面点用光滑曲线连接，即可得到给定方向的断面图。

（4）按（1）～（3）步骤，完成实验报告练习 2。

3. 透明方格法面积量算

（1）在透明纸上绘出边长为 1 mm 的小方格，如图 14-1，每个方格的图上面积为 1 mm^2，乘以地形图比例尺分母，即可得到每个方格所代表的实际面积。

（2）量测图上面积时，将透明方格纸固定在图纸上，先数出完整小方格数 n_1，再数出图形边缘不完整的小方格数 n_2。然后，按下式计算整个图形的实际面积：$S = \left(n_1 + \dfrac{n_2}{2} \right) \dfrac{M^2}{10^6}$（$m^2$），$M$ 为地形图比例尺分母。

（3）量算面积的方法还有很多，同学们可根据教材上提供的方法自己练习。

（4）按照上述方法完成实习报告中的练习 3。

4. 根据地形图计算场地平整时的土方量

（1）在地形图上绘制方格网：方格网大小取决于地形的复杂程度、地形图比例尺的大小和土方计算的精度要求，一般地，方格边长为图上 2 cm。各方格顶点的高程用线性内插法求

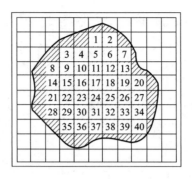

图 14 - 1　透明方格网法求面积

出，并注记在相应顶点的右上方。

（2）计算挖填平衡的设计高程：先将每一方格顶点的高程相加除以4，就可以得到每个方格的平均高程 H_i，再将每个方格的平均高程相加除以方格总数，就得到挖填平衡的设计高程 H_0，那么 H_0 就是填挖平衡面的高程，其计算公式为：

$$H_0 = \frac{1}{n}(H_1 + H_2 + \cdots + H_n) = \frac{1}{n}\sum_{i=1}^{n}$$

式中：$H_1, H_2, \cdots, H_n$ 分别为每个方格的平均高程。

（3）绘制填挖平衡的边界线，在地形图上内插出高程为 H_0 的等高线，用虚线形式将其绘于地形图上。

（4）计算挖填高度：将各方格顶点的高程减去设计高程 H_0 即得到各个方格顶点得挖、填高度，并把它注明在各方格顶点的右上方。

（5）计算挖填土方量：计算挖填土方量时是将角点、边点、拐点、中点分别计算，计算公式为：

$$\left.\begin{array}{l} 角点: 挖（填）高 \times \dfrac{1}{4} 方格面积 \\[2mm] 边点: 挖（填）高 \times \dfrac{2}{4} 方格面积 \\[2mm] 拐点: 挖（填）高 \times \dfrac{3}{4} 方格面积 \\[2mm] 中点: 挖（填）高 \times \dfrac{4}{4} 方格面积 \end{array}\right\}$$

挖填土方量的计算可以利用 EXCEL 表格，最后将角点、边点、拐点、中点所得到的填方量或挖方量各自相加，就可得到总的挖方量或总的填方量，总的挖方量和总的填方量应该基本相等。

（6）按以上步骤计算实习报告中练习4。

实验报告 14   地形图的应用

日期＿＿＿＿＿＿   班级＿＿＿＿＿＿   小组＿＿＿＿＿＿   姓名＿＿＿＿＿＿

一、练习题

1. 根据局部地形图（图 14－2），从 P 点起选一条坡度为 ≤ +8% 的公路至 Q 点。

2. 根据局部地形图（图 14－2），绘制 160—D 的断面图。

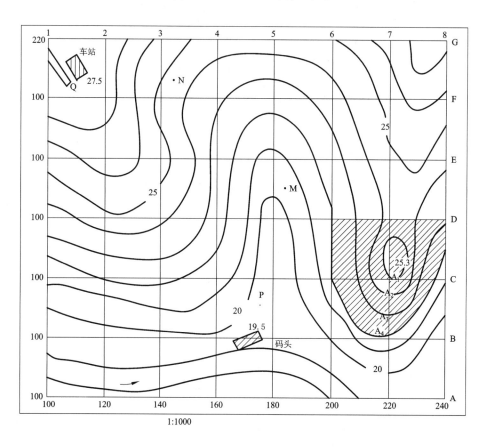

图 14－2   局部地形图

3. 如图 14-3 所示，已知地形图比例尺为 1:2000，试用虚线画出铁路桥 M 的汇水边界线，并计算其汇水面积。

图 14-3 地形图

4. 根据图 14-4 所给地形图，计算场地内填挖方平衡时的土方量（方格网为 20 m × 20 m）。

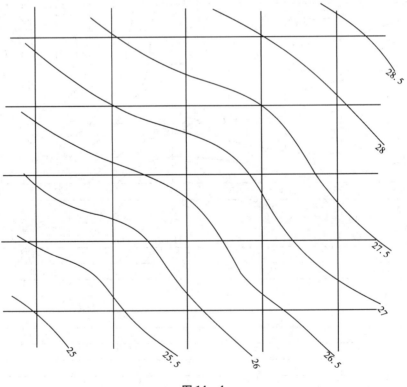

图 14-4

实验 15　圆曲线的测设

一、实验目的与要求

（1）掌握单一圆曲线主点测设要素的计算方法。

（2）掌握单一圆曲线主点的测设过程。

（3）掌握单一圆曲线详细测设数据的计算方法。

（4）掌握单一圆曲线详细测设的过程。

（5）进行单一圆曲线的主点及详细测设，并使纵横向偏差达到要求。

二、准备工作

（1）仪器工具：经纬仪 1 台，脚架 1 个，皮尺 1 把，记录板 1 个，木桩及铁钉若干，自备计算器，铅笔及计算用纸。

（2）人员组织：每 4 人 1 组，1 人负责进行仪器操作，1 人负责记录与计算，两人负责树立观测标志以及做在地面标志，轮流操作。

（3）场地布置：选择一较为平坦的区域作为实验场地，并用木桩定出线路的交点（JD1、JD2、JD3）。

三、实验分法与步骤

1. 线路转向角的测定

如图 15-1 所示，在 JD2 架上设经纬仪，用测回法测定 $\beta_右$，并计算转向角 $\alpha_右$：

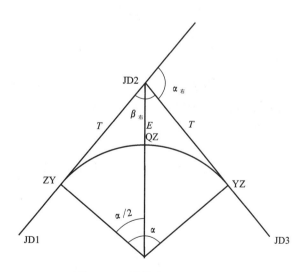

图 15-1　圆曲线及其测设元素

若 $\beta_右 < 180°$，则 $\alpha_右 = 180° - \beta_右$；

若 $\beta_右 > 180°$，则 $\alpha_右 = \beta_右 - 180°$。

2. 圆曲线测设元素的计算

设圆曲线的半径 $R = 100$ m，按式(15-1)计算曲线主点的测设元素(包括切线长 T、曲线长 L、外矢距 E、切曲差 q)。

3. 圆曲线主点桩号的计算

圆曲线的主点包括：直圆点(ZY)、圆直点(YZ)和曲中点(QZ)，设 JD2 的桩号是 K1 + 100，计算其余各主点的桩号按式(15-2)进行计算：

$$\left. \begin{array}{l} T = R \cdot \operatorname{tg} \dfrac{\alpha}{2} \\[2mm] L = R \cdot \alpha \cdot \dfrac{\pi}{180°} \\[2mm] E = R \cdot \left(\sec \dfrac{\alpha}{2} - 1 \right) \\[2mm] q = 2T - L \end{array} \right\} \tag{15-1}$$

$$\left. \begin{array}{l} \text{ZY 桩号} = \text{JD 桩号} - T \\[2mm] \text{QZ 桩号} = \text{ZY 桩号} + \dfrac{L}{2} \\[2mm] \text{YZ 桩号} + \text{QZ 桩号} + \dfrac{L}{2} \end{array} \right\} \tag{15-2}$$

最后用式(15-3)检核计算是否正确：

$$\text{YZ 桩号} = \text{JD 桩号} + T - q \tag{15-3}$$

4. 圆曲线主点的放样

(1)经纬仪在 JD2，分别照准 JD1 和 JD3 的方向，并用皮尺量取切线长 T，得到直圆点(ZY)和圆直点(YZ)。

(2)仪器不动，以 JD1 为零方向，测设水平角 $\left(\dfrac{180° - \alpha}{2} \right)$，并沿此方向量取外矢距 E，得到曲中点(QZ)。

5. 曲线详细测设数据的计算

为了便于施工准确和方便，还应按照一定的桩距，在曲线上测设整桩和加桩，这项工作称为曲线的详细测设。圆曲线详细测设的方法很多，主要有偏角法、切线支距法、直角坐标法等，本实验采用常用的偏角法进行，设曲线上每隔 $l_0 = 10$ m 测设一个点，计算详细测设的数据：

首先计算首端弧长 l' 及末端弧长 l''，并计算弧长所对的圆心角：

$$\left. \begin{array}{l} \psi' = \dfrac{l'}{R} \cdot \dfrac{180}{\pi} \\[2mm] \psi_0 = \dfrac{l_0}{R} \cdot \dfrac{180}{\pi} \\[2mm] \psi'' = \dfrac{l''}{R} \cdot \dfrac{180}{\pi} \end{array} \right\} \tag{15-4}$$

设圆曲线起点 ZY 至第 i 个点的弧长为 l_i，所对的圆心角为 ψ_i，则有：

$$l_i = l' + (i-1)l_0$$
$$\psi_i = \psi' + (i-1)\psi_0 = \frac{l_i}{R} \cdot \frac{180}{\pi} \tag{15-5}$$

由于弦切角等于同弧的圆心角的一半，所以 $\gamma_i = \dfrac{\psi_i}{2}$，作为检核应该有：

$$\psi' + (n-1)\psi_0 + \psi'' = \alpha \tag{15-6}$$

曲线起点至任一点的弦长为

$$c_i = 2R\sin\frac{\psi_i}{2}2R\sin\gamma_i \tag{15-7}$$

任意一段的弧弦差为：

$$\delta_i = l_i - c_i = l_i - 2R\sin\frac{l_i}{R} \approx \frac{l^3}{24R^2} \tag{15-8}$$

6. 曲线的详细测设

在曲线的起点 ZY 安置仪器，照准 JD2，放样偏角 γ_i，从起点量取弦长 c_i，或者从上一个细部点量取相邻桩点间的弦长，直至 QZ。

同样在曲线的终点 YZ 安置仪器，向 QZ 放样曲线的另一半。

曲线不长时，也可以在直圆点测设全部的曲线。

7. 检核

丈量横向偏差和纵向偏差应小于 1/2000，横向偏差应小于 10 cm，否则应进行检查和调整。

五、注意事项

（1）所有测设数据的计算应该以两人对算的方式进行，以防止起始数据出错。

（2）计算时应注意十进制的角度与六十进制的角度之间的换算。

（3）曲线详细测设时如果分成两部分来做，注意放样角度的方向。

实验报告 15 圆曲线测设

日期_____ 班级_____ 小组_____ 姓名_____

一、思考题：

1. 如果直接测量线路的转向角应该如何测得？
2. 在进行圆曲线的详细测设时，如果遇到障碍物应如何继续后面的工作？

二、实验记录计算表

表 15－1 测定线路转向角记录表

测站	测点	竖盘位置	水平度盘读数	半测回角值	一测回角值

表 15－2 圆曲线主点元素的计算表

切线长		外矢距	
曲线长		切曲差	

表 15－3 横向偏差与纵向偏差检核的记录

	丈量值(m)	允许值(m)
横向偏差		
纵向偏差		

表 15 – 4　偏角法测设圆曲线数据计算表

桩　号	各桩至 ZY/YZ 的弧长(m)	偏角	弦长(m)	相邻桩点之间的弧长(m)	相邻桩点之间的弦长(m)

实验 16　综合曲线测设

一、实验目的与要求

1. 掌握具有缓和曲线的圆曲线主点测设要素的计算方法。
2. 掌握缓和曲线主点的测设过程。
3. 掌握缓和曲线详细测设数据的计算方法。
4. 掌握缓和曲线详细测设的过程。
5. 放样带有缓和曲线的圆曲线，并使各项偏差满足要求。

二、准备工作

1. 仪器准备：经纬仪 1 台，脚架 1 个，皮尺 1 把，记录板 1 个，木桩及铁钉若干，自备计算器，铅笔及计算用纸。

2. 人员组织：每 4 人 1 组，1 人负责进行仪器操作，1 人负责记录与计算，2 人负责树立观测标志以及做在地面标志，轮流操作。

3. 场地布置：选择一较为平坦的区域作为实验场地，并用木桩定出线路的交点 JD 及两个线路的方向，选择圆曲线的半径长度 R 及缓和曲线的长度 l_0。

三、实验分法与步骤

1. 转向角的测定
根据实验中转向角的测定方法测定线路的转向角 α。
2. 带有缓和曲线的圆曲线主点要素的计算
如图 16 - 1 所示：
具有缓和曲线的圆曲线的主点有：
ZH(直缓点)、HY(缓圆点)、QZ(曲中点)、YH(圆缓点)、HZ(缓圆点)
加入缓和曲线后，曲线要素的计算公式为：

$$\left. \begin{array}{l} T = m + (R + p) \cdot \text{tg}\dfrac{\alpha}{2} \\[2mm] L = \dfrac{\pi R \cdot (\alpha - 2\beta_0)}{180°} + 2l_s \\[2mm] E = (R + p)\sec\dfrac{\alpha}{2} - R \\[2mm] q = 2T - L \end{array} \right\} \tag{16-1}$$

式中：α 为线路的转向角，R 为圆曲线半径，l_0 为缓和曲线长度，m 为加设缓和曲线后使切线增长的距离，β_0 为 HY 点或 YH 点的缓和曲线角度，p 为加设缓和曲线后圆曲线相对于切线的内移量。

其中，m、p、β_0 称为缓和曲线参数，按下式进行计算：

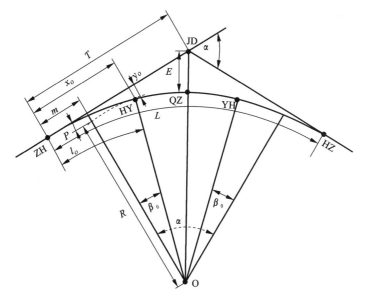

图 16 - 1　缓和曲线示意图

$$\left.\begin{aligned}
\beta_0 &= \frac{l_0}{2} \cdot \frac{180°}{\pi} \\
m &= \frac{l_0}{2} - \frac{l_0^3}{240R^2} \\
p &= \frac{l_0^2}{24R}
\end{aligned}\right\} \qquad (16 - 2)$$

如图 16 - 2 所示，建立坐标系（以 ZH 或 HZ 为坐标原点，X 轴的正向沿切线指向 JD，Y 轴过原点与 X 轴垂直，且正向指向内侧）：

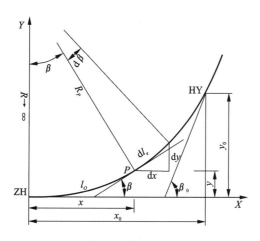

图 16 - 2　缓和曲线直角坐标系的建立

则 ZH 点和 HZ 点的坐标为：

$$\left.\begin{array}{l} x_0 = l_0 - \dfrac{l_0^3}{40R^2} \\[3mm] y_0 = \dfrac{l_0^2}{6R} - \dfrac{l_0^4}{336R^3} \end{array}\right\} \qquad (16-3)$$

3. 缓和曲线主点里程的计算

$$\left.\begin{array}{l} ZH_{里程} = JD_{里程} - T \\[2mm] HY_{里程} = ZH_{里程} + l_0 \\[2mm] QZ_{里程} = ZH_{里程} + \dfrac{L}{2} \\[2mm] HZ_{里程} = QZ_{里程} + \dfrac{L}{2} \\[2mm] YH_{里程} = HZ_{里程} - l_0 \end{array}\right\} \qquad (16-4)$$

上述计算之后，用下式进行检核：

$$HZ_{里程} = JD_{里程} + T - q \qquad (16-5)$$

4. 各主点的测设

(1)将仪器安置在 JD 上，分别向两切线方向量取切线长 T，得到 ZH 点和 HZ 点；

(2)仪器不动，测设 $\left(\dfrac{180° - \alpha}{2}\right)$，得到 ZH 和 HZ 方向的平分线方向，沿此方向量取外矢距 E，得到 QZ 点。

(3)ZH 和 HZ 点按照切线支距法进行放样(也可以留到详细测设时再完成)。

5. 缓和曲线的详细测设

缓和曲线详细测设的方法有直角坐标法和极坐标法。

(1)切线支距法

首先如图 16-2 所示建立坐标系，则缓和曲线上第 i 点的坐标可以表示为：

$$\left.\begin{array}{l} x_i = l_i - \dfrac{l_i^5}{40R^2 l_0^2} \\[3mm] y_i = \dfrac{l_i^3}{6Rl_0} - \dfrac{l_i^7}{336R^3 l_0^3} \end{array}\right\} \qquad (16-6)$$

式中：l_i 为 ZH 点至第 i 个细部点的曲线距离。

HY－YH 圆曲线上各点的坐标为：

$$\left.\begin{array}{l} x_i = m + R\sin\varphi_i \\[2mm] y_i = p + R - R\cos\varphi_i \end{array}\right\} \qquad (16-7)$$

其中 $\qquad \varphi_i = \beta_0 + \dfrac{l_i}{R} \cdot \dfrac{180}{\pi}$

式中 l_i 为圆曲线上第 i 个点至 HY 点的曲线长。

特殊的，圆曲线上 QZ 点的坐标表达式为：

$$x_{QZ} = m + R\sin\left(\frac{\alpha}{2}\right)$$

$$y_{QZ} = p + R - R\cos\left(\frac{\alpha}{2}\right) \tag{16-8}$$

（2）偏角法。

当放样点位于缓和曲线上时，偏角按下式进行计算：

$$\delta_i = \frac{l_i^2}{l_0^2}\delta_0 \tag{16-9}$$

式中，δ_i 为缓和曲线上第 i 个细部点的偏角值；l_i 为第 i 个细部点至 HY 或 YH 点的曲线长；

$\delta_0 = \dfrac{l_0}{6R}$，为缓和曲线的总偏角值。

圆曲线的放样在 YH 或 YH 点上进行，偏角值的计算与单一圆曲线相同。

6．缓和曲线的详细测设

切线支距法：

在 ZH 点安置仪器，照准 JD，得到过 ZH 点的切线方向，沿此方向分别放样距离 x_i，得到各过渡点，再在过渡点上安置仪器，照准 JD，放样 90°沿该方向线测设 y_i，即得各细部点。

偏角法：

缓和曲线的测设：在 ZH 点架设仪器，照准 JD 点，配置度盘的读数为 0°00′00″，拨偏角 δ_i，得到第 i 个细部点的方向，从第 $i-1$ 个细部点量取两点间的弧线长，使其与方向线相交，得到细部点的位置。

圆曲线的测设：在 HY 点安置仪器，后视 ZH，拨角 $b_0 = \beta_0 - \delta_0$，找到切线方向，再按照圆曲线偏角法放样的过程进行放样。

7．检核

纵向偏差应小于等于 1/2000，横向偏差小于等于 10 cm。

四、注意事项

（1）所有测设数据的计算应该以两人对算的方式进行，以防止起始数据出错。

（2）计算时应注意十进制的度与六十进制的度之间的换算。

（3）曲线详细测设时分成两部分来做，即在 ZH 点放样 ZH 至 HY 之间的曲线，在 HZ 放样 HZ 至 YH 之间的曲线，在实际操作中，注意拨角的方向。

实验报告 16　综合曲线测设

日期_____　班级_____　小组_____　姓名_____

一、思考题

1. 什么是缓和曲线？为什么要设置缓和曲线？

2. 如果 JD 不能安置仪器，应如何进行曲线的测设？

二、记录与计算

表 16-1　测定线路转向角记录表

测站	测点	竖盘位置	水平度盘读数(° ′ ″)	半测回角值(° ′ ″)	一测回角值(° ′ ″)

表 16-2　缓和曲线主点要素计算表

已知参数	圆曲线半径		计算参数	切线长	
	转向角			曲线长	
	缓和曲线长			外矢距	
	交点里程			切曲差	
	整桩间距			β_0	
				m	
				p	

表 16 – 3　偏角法测设圆曲线数据计算表

桩　号	各桩至 ZY/YZ 的弧长(m)	偏角法		切线支距法	
		偏角 γ	曲线长(m)	x(m)	y(m)

表 16 – 4　横向偏差与纵向偏差检核的记录

	文量值(m)	允许值(m)
横向偏差		
纵向偏差		

实验 17 线路纵、横断面测绘

一、实验目的与要求

(1)掌握纵断面测量的施测和计算方法。
(2)掌握横断面测量的施测和计算方法。
(3)掌握纵、横断面图的绘制方法。
(4)测绘一条线路的纵断面图,并隔一定距离测绘横断面图。

二、实验准备

(1)仪器工具:水准仪 1 台,脚架 1 个,水准尺 2 把,皮尺 1 个,木桩若干,自备计算器,铅笔及计算用纸。

(2)人员组织:每 4 人一组,1 人负责观测,2 人立尺,1 人记录与计算,轮流操作。

(3)场地布置:选择一段线路(长 200～300 m)本身及两侧均有起伏的区域作为实验场地。

三、实验步骤

(1)选择一条长的线路,打下起点桩 0 +000,然后定线,沿线用皮尺每隔 20 m 钉设中线桩,并注记桩号。在地面坡度有较大变化处应钉设加桩。

(2)在线路起、终点附近各选定一固定点作临时水准点,并设起始点的高程为 10.000 m,按支水准路线进行往返基平测量,测量时,视线长度应小于 100 m,往返测较差应小于 ±30 $\sqrt{L}$mm,然后将往返测高差取平均,求出终点的高程。

(3)进行中平测量:选择测站点,以起点和终点为一个测段,从起点开始,逐一测定各中线桩的高程,并附合到终点上,附合的允许误差为 ±50 $\sqrt{L}$mm。

(4)绘制线路的纵断面图:以水平距离为横轴,高差或高程为纵轴,绘制线路的纵断面图(通常竖直方向的比例尺是水平方向的 10 倍)。

(5)横断面图的测绘:在各中线桩和加桩处,确定线路横断面的方向,然后测定横断面方向上变坡点的平距和高差,横断面图的绘制与纵断面图相同。

四、注意事项

(1)中平测量时,由于转点起传递高程的作用,必须选在稳固可靠的地方。
(2)中线桩高程在室内无法检查,操作必须认真,防止出错。
(3)不能将不同中桩的横断面图绘制在一起,应分开绘制。

实验报告 17　线路纵、横断面测绘

日期＿＿＿＿＿＿　　班级＿＿＿＿＿＿　　小组＿＿＿＿＿＿　　姓名＿＿＿＿＿＿

一、思考题

1. 如果线路为圆曲线，应如何定出横断面的方向？
2. 测绘纵、横断面图的用途是什么？

二、记录与计算

表 17-1　基平测量观测记录表

测站	测点	后视读数 （m）	前视读数 （m）	高差 （m）	上丝读数 （m）	下丝读数 （m）	视距 （m）
	后						
	前						
	后						
	前						
	后						
	前						
	后						
	前						
	后						
	前						
	后						
	前						
计算 检核	Σ						

起、终点间的高差：

已知起点的高程：

计算得终点的高程：

表 17 – 2 中平测量记录表

测点	水准尺读数(m)			视线高程 (m)	高程 (m)	备 注
	后 视	中 视	前 视			
检核						

纵断面图的绘制：

表 17 - 3　横断面测量记录表

左　　侧	桩 号	右　　侧

横断面图的绘制：

实验 18　建筑物的定位和高程测设

一、实验目的与要求

（1）掌握建筑物定位的方法。

（2）掌握施工中高程定位的方法。

（3）根据已知点的位置和坐标，对建筑物进行定位，并进行高程测设。

二、准备工作

（1）仪器工具：经纬仪 1 台，脚架 1 个，水准仪 1 台，脚架 1 个，水准尺 2 把，钢尺 1 把，测钎 2 根，木桩 4 个，自备计算器，铅笔及计算用纸。

（2）人员组织：每 4 人一组，1 人负责操作仪器、2 人负责立水准尺或测钎、1 人负责记录与计算，轮流操作。

（3）场地布置：如图 18-1 所示。在较为空旷的地面上选择一点，记为 A 点，从 A 点向北（估计）丈量 50.000 m 再定出另一点 B，同样做标记，并设 A 的坐标为（100.000 m，100.000 m），B 点的坐标为（150.000 m，100.000 m），A 点的高程设为 10.000 m。现有建筑物的边线点 P1、P2、P3、P4，坐标和高程分别是：

P_1（110.000 m，110.000 m）、P_2（140.000 m，110.000 m）、

P_3（140.000 m，130.000 m）、P_4（110.000 m，130.000 m）、

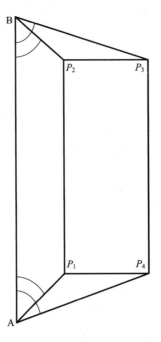

图 18-1　场地布置示意图

$$HP_1 = HP_2 = HP_3 = HP_4 = 10.500 \text{ m}_{\circ}$$

三、实验步骤

1. 进行坐标反算,计算按照极坐标法进行放样的数据

水平距离:

$$D_{AB} = \sqrt{(x_B - x_A)^2 + (y_B - y_A)^2} \qquad (18-1)$$

方位角:

$$\alpha_{AB} = \arctan \frac{y_B - y_A}{x_B - x_A} \qquad (18-2)$$

两方向之间的夹角:

$$\beta_1 = \alpha_{AP1} - \alpha_{AB} \qquad (18-3)$$

2. 实地进行放样

在已知点 A 架设经纬仪,放样水平角 β_1 得到 AP1 的方向,沿此方向放样水平距离 D1 即可得 P1 点,同样的方法放样其余各点。

检查:测量任意建筑物两边之间的夹角(半个测回),其测量值与计算值之间的差值应小于 1′,用钢尺丈量两轴线点之间的水平距离与用计算结果进行比较,其相对误差应达到 1/3000,否则应检查放样的点位的正确性,并对其进行调整。

3. 高程放样

在距离 A 点和其他点距离大致相等的地方安置水准仪,在 A 点树立水准尺,读得水准尺读数记为后视 a,根据已知点 A 的高程求得水准仪的视线高 H_i:

$$H_i = H_A + a \qquad (18-4)$$

根据建筑物边线点的高程,计算前视的读数值(以 P_1 为例):

$$b = H_i - H_{P1} \qquad (18-5)$$

在测设的点旁打一木桩,并使水准尺树立于木桩的一侧,水准仪照准水准尺,慢慢上下移动水准尺使水准仪在其上的读数为计算的前视数值,则水准尺的零点的位置就是 P1 的高程位置。

同样的方法放样其他建筑物边线点的高程。

四、注意事项:

(1)测设数据的计算应该两人独立计算,并进行检核,以防止原始数据出现错误。
(2)计算时注意反算方位角时直线方向所在象限的问题,以及十进制的度与六十进制的度的转换的问题。

实验报告 18　建筑物定位及高程测设

日期＿＿＿＿＿＿　班级＿＿＿＿＿＿　小组＿＿＿＿＿＿　姓名＿＿＿＿＿＿

一、思考题

1. 放样角度的时候，如果对已知方向 AB 或 BA 配置水平度盘的读数为 $0°00'00''$，那么水平度盘的读数是多少的时候，视线的方向是测站点到测设点的方向？

2. 放样水平角的时候，如果对已知方向不设置为 $0°00'00''$，而设置为该方向的方位角角值，那么水平度盘的读数是多少的时候，仪器视线的方向是测站点到放样点的方向？

二、记录与计算

表 18 – 1　放样数据计算表

点号	坐标		坐标增量		水平距离（m）	方位角
	X	Y	Δx	Δy		
放样角度						

表 18 – 2　放样点间距离检查记录表

尺段名	丈量值（m）	计算值（m）	相对误差

表 18 – 3　角度检查记录表

测站	目标	水平度盘读数	半测回角值	理论值

表 18 – 4　高程放样数据计算表

测点	水准尺读数（m）		视线高（m）	高程（m）
	后视	前视		

实验 19　建筑基线定位

一、实验目的与要求

（1）掌握建筑基线的定位方法。

（2）掌握建筑基线检核与调整的方法。

（3）根据已知点的位置和坐标，对建筑基线进行定位。

二、准备工作

（1）仪器准备：经纬仪 1 台，脚架 1 个，测钎 2 根，钢尺 1 把、自备铅笔，计算器及计算用纸。

（2）人员组织：每 4 人一组，1 人操作仪器，2 人立观测标志，1 人记录与计算，轮流操作。

（3）场地布置：在较为空旷的地方选择一点 A，并设其坐标为（100.000 m，100.000 m）、从该点向东量取 50 m 的距离，定设一点 B，前述两点为本实验的已知点，另有建筑基线点的坐标分别是 M（110.000 m，105.000 m）、N（110.000 m，125.000 m）、P（110.000 m，140.000 m）。

三、实验步骤

1. 实验数据的计算

按实验 18 中数据计算的方法进行坐标反算，并按照极坐标法放样基线点 N，P，M。

2. 检核与调整

首先将仪器架设在中间的 N 点，精确测量 ∠MNP（测回法两测回，每测回半测回角值之差和测回互差均应满足要求），若所测角值与 180°之差超过规定要求（20″），则需要对放样的点位进行调整，如图所示：

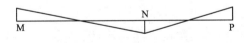

图 19 - 1　基线调整示意图

调整值

$$\delta = \frac{D_{MN} \cdot D_{NP}}{2(D_{MN} + D_{NP})} \cdot \frac{180° - \beta}{\rho} \tag{19 - 1}$$

精密量取 MN 和 NP 之间的水平距离，若丈量值与设计值之差超过规定的数值（一般为 1∶1万），则应以中间的点 N 为准，对两边的 M 点和 P 点进行改正。

四、注意事项

（1）角度不合格进行调整时，基线两边的点 M、P 和中间点 N 的移动方向是相反的。

（2）距离不合格进行改正的时候要注意改正的方向。

（3）计算极坐标的放样数据时，应以两人对算的方式进行，以防起始数据出现错误。

实验报告 19   建筑基线定位

日期＿＿＿＿＿＿＿   班级＿＿＿＿＿＿＿   小组＿＿＿＿＿＿＿   姓名＿＿＿＿＿＿＿

一、思考题

1. 如果放样的是一个三点直角形的建筑基线,角度检查后应如何进行调整?
2. 建筑基线的形式有几种,各适合于何种情况?

二、记录与计算

表 19 - 1   测设数据计算表

点号	坐 标		坐标增量		水平距离 （m）	方位角
	X	Y	Δx	Δy		
放样角						

表 19 - 2　角度观测记录表

测站	目标	竖盘位置	水平度盘读数	半测回角值	一测回角值	各测回平均值
		盘左				
		盘右				
		盘左				
		盘右				

调整值的计算:

表 19 - 3　距离丈量记录表

尺段名	次数	丈量值(m)	平均值(m)
	1		
	2		
	3		
	1		
	2		
	3		

纵向调整数值的计算:

实验 20　场地平整测量

一、实验目的与要求

（1）掌握将自然地表平整为水平场地的过程。
（2）掌握现场点位布设的方法。
（3）能够计算设计高程、填挖数值及土方量。
（4）将一块略有起伏的区域平整成为水平场地

二、准备工作

（1）仪器准备：经纬仪 1 台，脚架 1 个，水准仪 1 台，脚架 1 个，钢尺 1 把（前述工具可以用全站仪替代），木桩若干，水准尺两把，自备铅笔，计算器及计算用纸。

（2）人员组织：每 4 人一组，1 人操作仪器，2 人立观测标志，1 人记录与计算，轮流操作。

（3）场地布置：选择一块略有起伏的自然地表作为实习的场地。

三、实验步骤

1. 场地方格点

利用经纬仪钢尺（或全站仪）在现场布设边长为 20 m 的方格网，具体方法参见建筑物放样和基线放样，在各方格点处打下木桩，并对各方格点进行编号（横向按照 1、2、3…进行编号，纵向按照 A、B、C、D…进行编号）；

2. 测量各方格点的高程

利用水准测量或全站仪三角高程的方法测量各方格点的高程；

3. 设计高程的计算

各方格点权值的确定：与一个方格相关的方格点的高程的权值为 1，与两个方格相关的方格点的高程的权值为 2，与三个方格相关的方格点的高程的权值为 3，与四个方格相关的方格点的高程的权值为 4。

则设计高程为各点高程值的加权平均值，即有：

$$H_{设} = \frac{\sum P_i \cdot H_i}{\sum P_i} \tag{20-1}$$

式中：$H_{设}$——水平场地的设计高程；

　　　P_i——方格点的高程的权值；

　　　H_i——方格点的地面高程。

4. 计算填（挖）高度

各方格点的填挖高度为该点地面高程与设计高程之差，即有：

$$h_i = H_i - H_{设} \tag{20-2}$$

式中：h_i——方格点的填挖高度，正值表示挖方，负值表示填方。

5. 填(挖)土石方量的计算

填(挖)土石方量应分别进行计算,不得相互抵消,计算的公式为:

$$填(挖)土石方量 = 填(挖)高度 \times \left(\frac{P_i}{4}\right)方格面积 \qquad (20-3)$$

将填(挖)土石方量分别求和,即得总的填挖土石方量。

6. 放样填挖边界线与填挖高度

按照适当间隔分别放样出设计高程点,用明显的标志将这些设计高程点连成曲线,即为填挖边界线。

在各方格点的木桩上注记相应方格点的填挖高度,作为平整场地的依据。

实验报告 20　场地平整测量

日期＿＿＿＿＿＿＿＿　班级＿＿＿＿＿＿＿＿　小组＿＿＿＿＿＿＿＿　姓名＿＿＿＿＿＿＿＿

一、思考题

1. 为什么在计算填挖土石方的时候填(挖)量不能相互抵消？

2. 若将场地平整成为具有一定坡度的倾斜场地,应该怎样确定设计高程？

二、记录与计算

表 20－1　水准测量高程的记录

测点	水准尺读数（m）			视线高程（m）	高程（m）	备注
	后视	中视	前视			

表 20-2 全站仪三角高程测量记录手簿

测站点：　　　　　　　　　　　高程：　　　　　　　　　仪器高：

测点	斜距 (m)	竖直角	棱镜高 (m)	高差 (m)	高程 (m)

表 20 - 3　设计高程及填挖高度、填挖土石方的计算

点名	权值	地面高程（m）	$P_i \cdot H_i$	填挖高度（m）	填挖土石方	
					填方	挖方
Σ						

设计高程的计算：

实验 21　巷道中线的标定及延伸

一、实验目的与要求

（1）掌握在井下巷道内根据图纸的设计要求，用经纬仪标定新开巷道的位置和掘进方向，标定巷道中线的方法与步骤。

（2）掌握根据已知中线点，延长巷道中线的方法和步骤。

二、实验仪器和工具

（1）仪器工具：经纬仪 1 台，手电筒 1 把，垂球 1 ~ 2 个，巷道图纸，计算器，铅笔，记录夹。

（2）人员组织：每 4 人一组，1 人观测，1 人记录，轮流操作。

（3）场地布置：防空洞、地铁巷道或者根据教师的安排。

三、实验方法和步骤

1. 巷道开切位置、方向的标定

首先熟悉图纸，了解设计巷道与其他巷道的几何关系，检查图上给定数据如图 21 - 1 所示。

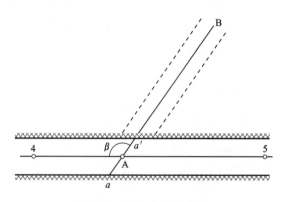

图 21 - 1　新开巷道的标定

（1）计算标定数据

$$\beta = \alpha_{AB} - \alpha_{A4}$$

$$S_{4A} = \frac{y_A - y_4}{\sin\alpha_{4A}} = \frac{x_A - x_4}{\cos\alpha_{4A}}$$

$$S_{A5} = \frac{y_5 - y_A}{\sin\alpha_{A5}} = \frac{x_5 - x_A}{\cos\alpha_{A5}}$$

式中：α_{AB}——设计巷道中线的坐标方位角；

　　　x_A、y_A——设计巷道的起点坐标；

x_4、y_4、x_5、y_5——导线点坐标。

（2）标定巷道的开切地点和掘进方向

① 将经纬仪安置于 4 点，瞄准 5 点垂球线，在此方向上量取 S_{4A} 定出 A 点并标设在顶板上。再量取 S_{A5} 检查 A 点的正确性。

② 在 A 点安置经纬仪，后视 4 点转 β 角值，此时望远镜视准轴所指的方向即为设计巷道掘进方向。

③ 一人手执电筒（或矿灯）沿巷道一帮移动，当电筒移到视准轴方向线上时，即在帮上打一标记，过此标记划一铅垂线，即为巷道中线。

④ 根据仪器视准轴方向，在 A 点之前或后方顶板上再标定两个中线点，即由三点组成一组中线点，表示巷道掘进的方向。

⑤ 标定后应实测 β 角，作为检核。

2．巷道中线的标定

新开掘的巷道掘进 5～8 m 后，应用经纬仪重新标定一组中线点，每组中线点不得少于 3 个点，点间距离不得小于 2 m。

（1）如图 21 － 2 所示，检查 A 点是否有位移或破坏。

（2）经检查认为 A 点无位移后，将经纬仪安置在 A 点，用盘左后视 4 点，在水平度盘上转出 β 角值，在巷道顶板上距工作面 5 m 左右给出 2′ 点，用盘右再给出 2″ 点，取其 2′、2″ 两点中间点为 2 点，则 2 点即为巷道中线点。

（3）然后在 2 点挂垂球，用一个测回实测 $\angle 4A2$，用以检查角 β 是否正确。

（4）经检查角 β 无误后，再用经纬仪瞄准 2 点，在此方向线上的顶板或棚顶上标出 1 点。A、1、2 三点即为一组中线点，在三点上挂上绳线。

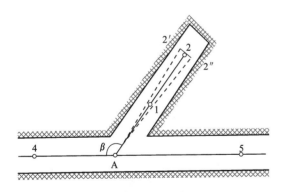

图 21 － 2　用经纬仪标定巷道的中线

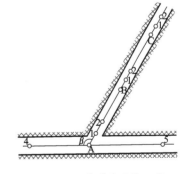

图 21 － 3　巷道中线的延伸

3．巷道中线的延伸

一组中线点，可以指示巷道掘进 30～40 m。随着巷道的掘进，巷道中线要向前延伸才能指导巷道的掘进。

（1）如图 21 － 3 所示。首先检查原中线点是否有移动，如 B 组中线点 B、1、2 是否在一条直线上。若其中三点在一条直线上，便使用这三个点延伸。

（2）经检查认为无误后将经纬仪安置在 B 点，用盘左及盘右后视 A 点，转 180°沿视准轴方向定出一点，取其中间点 C 为新中线点。也可用瞄直法或拉线法。

（3）用经纬仪瞄准 C 点，再于此方向上定出 1、2 点，则 C、1、2 三点即为延伸的一组巷道中线点。

（4）在各组中线点中选出一点作为导线点，如 A、B、C 等点，以备进行采区导线测量时检查中线的正确性。

四、注意事项

（1）巷道中线是控制巷道水平方向的重要指向线，因此标定时一定要细心，要做检查，发现问题及时纠正，不应因其简单而轻视。

（2）中线点要选在不易被爆破时岩块冲击的地方，而且岩石一定要坚固，若设在棚梁上更要注意棚梁的稳固性。

五、思考题

（1）巷道标定的主要步骤有哪些？

（2）标定巷道的开切地点和掘进方向的步骤？

实验 22　巷道腰线的标定

一、实验目的和要求

（1）掌握在巷道内根据图纸的设计要求，倾斜巷道和水平巷道腰线标定方法与步骤。

（2）掌握平巷与斜巷连接处腰线标定的方法和步骤。

二、实验仪器和工具

（1）仪器工具：斜面仪 1 台，水准仪 1 台，经纬仪 1 台，垂球 1~2 个，巷道图纸，油漆（或石灰浆），铅笔，计算器，记录夹。

（2）人员组织：每 4 人一组，1 人观测，1 人记录，轮流操作。

（3）场地布置：防空洞、地铁巷道或者根据教师的安排。

三、实验方法和步骤

1. 斜巷腰线的标定

（1）用经纬仪标设腰线（利用中线点标定腰线）

如图 22 –1 所示，1、2、3 点为一组已标设腰线点位置的中线点，4、5、6 点为待设腰线点标志的一组中线点。测设步骤如下：

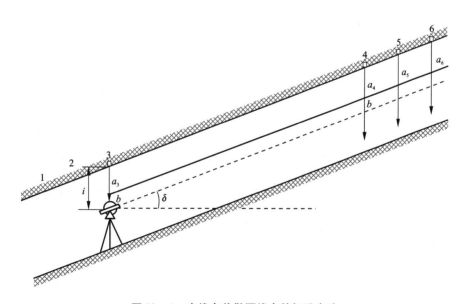

图 22 –1　中线点兼做腰线点的标设方法

①将经纬仪安置于 3 点，量仪器高，用正镜瞄准中线，使竖盘读数对准巷道的倾角，此时望远镜视线与巷道腰线平行。

②在中线点 4、5、6 的垂球线上用大头针标出视线位置，用倒镜测其倾角作为检查。

③据中线点 3 到腰线位置的垂距 α_3，求出仪器视线到腰线点的垂距 $b=i-\alpha_3$ 式中 i 和 α_3，均从中线点向下量取（i 和 α_3 值均取正号）。求出的 b 值为正时，腰线在视线之上，b 值为负时，则在视线之下。

④从三个垂球线上标出的视线记号起，根据 b 的符号用小钢尺向上或向下量取长度 b，即可得到腰线点的位置。

⑤在中线上找出腰线位置之后，拉水平线将腰线点标设在巷道帮上，以便于掘进人员掌握施工。

（2）用斜面仪标设腰线

用斜面仪在斜巷中标设腰线的方法，如图 22-2 所示。标设步骤如下：

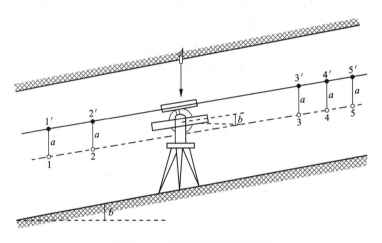

图 22-2　斜面仪标设巷道腰线

①在中线点 A 整置斜面仪，用主望远镜照准另一个中线点，固定水平度盘，再使垂直度盘读数等于巷道的设计倾角，固定垂直度盘。

②主望远镜固定不动后，转动副望远镜，瞄准原有腰线点 1 的上方 1′ 点，用小钢尺量得垂距 a，再瞄准腰线点 2 处上方 2′ 点，量 22′ $=a$ 作检查。检查无误后，即可标设新的一组腰线点。

③转动副望远镜，照准巷帮拟设腰线点处，在视线上标设视点 3′、4′ 和 5′，自视点向下（或者向上）量取 a，即可以标出一组新腰线点 3、4 和 5。

在次要斜巷也可用半圆仪标定腰线。

2. 平巷腰线的标定

在平巷中，用得最普遍的是水准仪标设腰线，在次要平巷中可用半圆仪标设腰线。下面介绍水准仪标设腰线方法与步骤。

如图 22-3 所示，在巷道中已有一组腰线点 1、2、3，巷道的设计坡度为 i，需向前标设一组新的腰线点 4、5、6。具体步骤如下：

（1）水准仪安置在两组点之间，先照准原腰线点 1、2、3 上的小钢尺（代替水准尺）并读数，然后计算各点间的高差，以检查原腰线点是否移动。

（2）当确认其可靠后，记下 3 点的读数 a。丈量 3 点至 4 点的距离 l_{34}，算出腰线点 4 距视

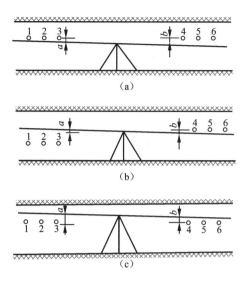

图 22 - 3　用水准仪标设腰线

线的高度 $b = a + h_{34} = a + l_{34} \cdot i$。

（3）水准仪前视 4 点处，以视线为准，根据 b 值标出腰线点 4 的位置。B 值为正时，腰线点在视线之上，b 值为负时则在视线之下。5、6 腰线点依同法标设。

3. 平巷与斜巷连接处腰线的标定

如图 22 - 4 所示，巷道由平巷 AE 转为倾角 δ 的斜巷。平、斜巷底板的衔接点称为起坡点。起坡点的位置 A 由设计给出。设平巷腰线到巷道轨面（或底板）的距离为 c，如果斜巷腰线到轨面的法线距离也保持为 c，则腰线在起坡点处要抬高 Δl，其大小为 $\Delta l = c \cdot \sec\delta - c = c(\csc\delta - 1)$。标设步骤如下：

（1）根据起坡点 A 与平巷中导线点 E 的相对位置，沿中线方向将 A 点标设到顶板上。

（2）在 A 点垂直于巷道中线的两帮上标出平巷的腰线点 1，再从 1 向上量取垂距 Δl 定出斜巷的起始腰线点 2。

（3）在巷道实际变坡处在巷道帮上标设出腰线点 3 和 4。

四、注意事项

（1）倾斜巷道和平巷道标设时，标设方法虽简单易行，但稍不注意就要出错，应特别注意 a、b、i 的符号。

（2）标设好新的一组腰线点后，应该由已知点求算新标定点的高程。

（3）连续向前标设几组腰线点后，应进行检查测量。检查时，可从水准点引测高程到腰线点，看腰线点的高程是否与设计相符。如不相符，应调整腰线点，使其符合设计位置后，再由调整后的腰线点向前继续标设腰线。

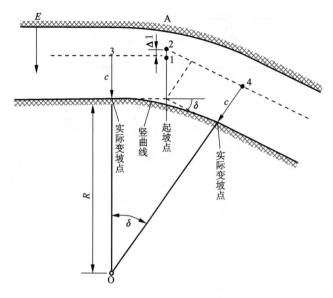

图 22 - 4 平、斜巷变坡处腰线的标设

五、思考题

（1）什么是巷道腰线？它位于巷道的什么位置？它有什么作用？

（2）在斜巷和平巷中标设腰线分别有哪几种方法？

（3）在平巷与斜巷连接处怎样标定腰线？

实验 23　建筑物沉降观测

一、实验目的与要求

（1）掌握建筑物沉降观测的过程与方法。

（2）掌握建筑物沉降观测数据处理方法。

（3）学会对结果进行分析，找出变形原因及其沉降规律。

二、实验仪器和工具

（1）仪器工具：电子（数字）水准仪或带有测微器的精密光学水准仪一台，记录板 1 块，精密水准尺或条码尺 2 根，水准尺垫 2 个，皮尺 1 把。

（2）人员组织：每 4 人一组，2 人扶尺，1 人观测，1 人记录，轮流操作。

（3）场地布置：各组在校内找一栋较高建筑物或教师指定的建筑物，并做出标记。

三、实验方法和步骤

1．沉降观测系统的布置

（1）水准点的布置。在离观测建筑物一定距离建筑沉降影响范围以外的地方，选择地面稳固的地方做 3 个以上的水准点，作为沉降观测的基准点和工作基点。

（2）观测点的布设。观测点的数量和位置应能全面反映建筑物的沉降情况。观测点的位置选择应便于立水准尺、观测能够长期保存私不容易受到破坏。观测点一般是沿律筑外围均匀布设的，但在荷载有变化的部位、平面形状改变处、沉降缝两侧、有代表性的支柱和基础上，应加设沉降观测点。

2．沉降观测的实施

（1）沉降观测时间与周期的确定。水准点、观测点埋设稳固以后，均应至少观测两次，以求取初始值。待建建筑物，在建筑物增加荷重前后、地面荷重突然增加、周围大量开挖土方等时，均应随时进行沉降观测。工程竣工后，一般每月观测一次，如沉降速度减缓，可改为 3 个月观测一次，直到沉降量不超过 1 mm，观测才可停止。对于已经建好建筑物，根据要求和实际情况确定观测次数和周期。

（2）沉降观测的技术要求。观测时，除应遵循精密水准测量的有关规定，对重要厂房和重要设备基础的沉降观测须使用 S1 级水准仪外，对一般厂房建筑物要求不高时，也可使用 S3 级水准仪进行观测。

3．沉降观测成果整理和分析

（1）沉降观测资料的整理。沉降观测采用专用的外业手簿。每次观测结束后，应检查手簿中的数据和计算是否合理、正确，精度是否在限差范围内，文字说明是否齐全。然后把历次各观测点的高程列入成果表中，并计算两次观测之间的沉降量和累计沉降量，注明观测日期和荷重情况。编写变形观测报告和说明。为了更清楚地表示沉降、荷重和时间的关系，应分别绘制沉降量与时间的关系曲线（$S-T$ 曲线）及荷重与时间的关系曲线（$P-T$ 曲线）图，建筑物变形分布图（如反映沉降在空间分布的沉降等值线图）。

（2）观测资料的分析。对观测数据进行数据统计分析，分析建筑物变形过程、变形规律、变形幅度、变形原因、变形值与引起变形因素之间的关系，判断建筑物情况是否正常，并预报今后的变形趋势。

四、注意事项

（1）水准路线应尽量构成闭合环的形式。

（2）采用固定观测员、固定仪器、固定施测路线的"三固定"方法观测。

（3）观测应在成像清晰，稳定的时间内进行。测完各观测点后，必须再测后视点，同一个后视点的两次读数之差不得超过 ±1 mm。

（4）前、后视观测宜用同一根水准尺。水准尺离仪器的距离应小于 40 m。前、后视距离用皮尺丈量，使其大致相等。

（5）对一般厂房建筑物、混凝土大坝的沉降观测，要求能反映出 2 mm 的沉降量；对大型建筑物、重要厂房和重要设备基础的沉降观测，要求能反映出 1 mm 的沉降量。

（6）水准点的高程变化将直接影响沉降观测结果，应定期检查水准点的高程有无变化。

（7）为真实和及时反映沉降信息，必须按照工程进度和实际情况按时进行观测，不得补测和漏测。

五、思考问题

（1）建筑物为什么要进程沉降观测？它的特点是什么？

（2）建筑物的沉降观测中，布设的水准点应满足哪些要求？水准点数目一般不小于几个，为什么？

（3）布设沉降观测点的原则是什么？如何布设？

（4）沉降观测时应注意哪些事项？

实验报告 23 建筑物沉降观测

日期＿＿＿＿＿＿＿ 班级＿＿＿＿＿＿＿ 小组＿＿＿＿＿＿＿ 姓名＿＿＿＿＿＿＿

表 23－1 建筑物沉降观测成果表

工程名称：＿＿＿＿＿＿＿ 观测仪器：＿＿＿＿＿＿＿ 高程基准点及其高程：＿＿＿＿＿＿＿

观测者：＿＿＿＿＿＿＿ 记录者：＿＿＿＿＿＿＿ 检查：＿＿＿＿＿＿＿

沉降点编号	第一次成果 观测时间：			第二次成果 观测时间：			第三次成果 观测时间：		
	高程（m）	本次沉降（m）	累计沉降（m）	高程（m）	本次沉降（m）	累计沉降（m）	高程（m）	本次沉降（m）	累计沉降（m）
1									
2									
3									
4									
5									
……									
工程施工进展情况									
荷载情况（t/m²）									

成果处理

各点时间与沉降量曲线图。

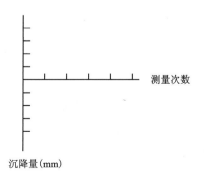

测量次数

沉降量(mm)

实验 24　建筑物倾斜观测

一、实验目的与要求

（1）掌握建筑物倾斜观测的过程与方法。
（2）掌握建筑物倾斜观测数据处理方法。
（3）学会对结果进行分析，找出变形原因及其规律。

二、实验仪器和工具

（1）仪器工具：高精度全站仪一台，电子（数字）水准仪或带有测微器的精密光学水准仪一台，记录板 1 块，精密水准尺或条码尺 2 根，水准尺垫 2 个，皮尺 1 把。
（2）人员组织：每 4 人一组，轮流操作。
（3）场地布置：各组在校内找一栋较高建筑物或教师指定的建筑物，并做出标记。

三、实验方法和步骤

建筑物的倾斜分两类：一类表现为以不均匀的水平位移为主；另一类则表现为以不均匀的沉降为主。例如高层建筑物、塔式建筑物倾斜属前一类，而基础的倾斜属后一类。

倾斜观测是用经纬仪、水准仪或其他专用仪器测量建筑物的倾斜度随时间而变化的工作。对于上述两类倾斜可采用不同的观测方法，前者采用先测出水平位移，然后计算倾斜的方法，称为"直接法"；后者是通过测量建筑物基础相对沉降的方法确定倾斜，即所谓的"间接法"。为了测定设备基础、平台等局部小范围的倾斜，还可以利用气泡式倾斜仪进行观测。

1. 观测的方法介绍

（1）直接法

①一般建筑物的倾斜观测

如图 24-1 所示，在离房角一定距离的地方选定一点安置仪器，照准房角高点 M，向下投影一点 N 作标志。间隔一段时间，再照准 M 点，（如果建筑物发生倾斜，则 M 点实际已移到 M′处）向下投影得 N′，量取倾斜量 NN′的距离为 a，建筑物高度为 H，则建筑物的倾斜度为 $i = \dfrac{a}{H}$。高层建筑物或构筑物的倾斜观测必须在相互垂直的两个方向上进行。

②圆形高大建筑物的倾斜观测

测定圆形建筑物如烟囱、水塔等的倾斜度时，首先要求得顶部中心对底部中心的偏距。为此，可先在建筑物底部放一块木尺，用经纬仪把顶部边缘两点 A、A′，如图 24-2 所示，投到木尺上，得中心位置 A_0，再把底部边缘两点 B、B′投到木尺上，得中心位置 B_0。B_0 与 A_0 之间的距离 a，就是在 AA′方向上顶部中心偏离底部中心的距离。同样在

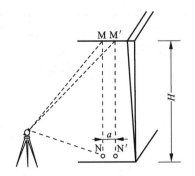

图 24-1　一般建筑物的倾斜观测

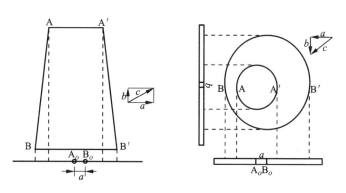

图 24 - 2 圆形高大建筑物的倾斜观测

垂直方向上测定顶部中心的偏心距 b，则总偏心距 $c = \sqrt{a^2 + b^2}$。设建筑物的高度为 H，则该建筑物的倾斜度为 $i = \dfrac{c}{H}$。

也可以根据顶部边缘和底部边缘的水平角值，求出顶部和底部中心的水平角值，再根据顶部和底部中心的水平角值之差 $\Delta\beta$ 及测站至建筑物中心的距离 D 求得偏心距 a（$a = \Delta B \cdot D / \rho''$）。

② 间接法

用水准测量的方法、液体静力水准的方法或使用各种倾斜仪器测量基础的相对沉降量，来确定建筑物的倾斜。采用二等水准进行施测，求得倾斜的精度可达 $1'' \sim 2''$。用液体静力水准测量，其基本原理是根据处在同一水平面内的匀质液面取代水准仪的水平视线，测定两观测点之间的高差。倾斜观测点一般与沉降观测点配合使用。

2. 观测步骤

（1）设标：选一施工或运营期间的工程建筑物，在其上按一定规律设置一组或几组观测标志。

（2）控制点设置：根据建筑物的形状和大小及场地实际情况布设与之相适用的观测控制点。

（3）观测：按设计方案定期对观测标志位置进行观测。

（4）观测成果整理：检核观测成果计算水平位移、位移方向及倾斜度。

四、注意事项

（1）倾斜观测要求观测精度高，因此应使用精密水准仪、精密全站仪（或精密经纬仪），采用精密测量方法。

（2）为真实和及时反映建筑物的形变信息，必须按照工程进度和实际情况按时进行变形观测，不得补测和漏测。

（3）观测中应尽量减少误差干扰，应做到定人、定仪器、定时间、定路线，以使各期观测条件基本相同。

（4）观测成果应准确、可靠、完整。

实验报告 24 建筑物倾斜观测

日期_____ 班级_____ 小组_____ 姓名_____

一、思考题

1. 建筑物的倾斜观测方法有哪几种?

2. 测得某烟囱的顶部中心坐标为: $x_0' = 1058.346$ m, $y_0' = 2379.774$ m, 测得其底部中心坐标为: $x_0' = 1058.338$ m, $y_0' = 2379.783$ m, 已知烟囱高 35 m, 求它的倾斜度与倾斜方向。

二、实验记录表

工程名称:_____ 观测仪器:_____ 观测时间:_____

观测者:_____ 记录者:_____ 检查:_____

倾斜观测点编号	第一次成果 观测时间:		第二次成果 观测时间:		第三次成果 观测时间:	
	偏移量 (m)	倾斜度 (″)	偏移量 (m)	倾斜度 (″)	偏移量 (m)	倾斜度 (″)
1						
2						
3						
4						
5						
6						
7						
8						
……						
工程施工进展情况						
荷载情况 (t/m²)						

第三章　测量教学综合实习

一、实习目的

测量教学综合实习是在学习测量学理论知识及课间测量基础实验的基础上，在确定的实习地点和时间内进行的综合性测量实践教学活动，是在课堂教学结束之后在实训场地集中进行综合训练的实践性教学环节。

通过测量教学实习可以将已学过的测量基本理论、基本知识综合起来进行一次系统的实践，不仅可以巩固、扩大和加深学生从课堂上所学的理论知识，使学生了解工程测量的工作过程，熟练地掌握测量仪器的操作方法和记录、计算方法；掌握大比例尺地形图测绘的基本方法和地形图的应用；能够根据工程情况编制施工测量方案，掌握施工放样的基本方法；使学生在业务组织能力和实际工作能力方面得到锻炼，提高学生的独立思考和解决实际问题的能力以及严谨求实、吃苦耐劳、团结合作的工作作风。

二、实习任务

测量教学综合实习内容有：控制测量，大比例尺地形图的测绘，测量方案的制定，地形图的判读，线路测量，成果整理，实习总结和考核工作。

三、准备工作

1. 测量实习区的准备

测区的准备一般在测量实习之前由教师先行实施。在测量教学实习之前应对所选定的测区进行考察，全面了解测区的基本情况，并论证其作为测区的可行性。如果是结合生产任务的实习，还应确认测区是否满足测量实习的要求，并与生产单位签订测量实习协议书。

测区确定后，根据需要还应事先建立测区首级控制网，进行测区首级控制测量，以获得图根测量所需的平面控制点坐标及高程（已知数据）。将首级控制点的位置展绘在大图纸上，按测量教学实习要求进行地形图的分幅。

测区首级控制测量工作完成后，给各小组分发控制点成果表及测区地形图，为实习小组提供图根控制测量选点、测量、计算的依据。

2. 测量实习动员

实习动员是测量教学实习一个重要环节。因此，在进入实习场地前，应做好学生的动员工作，同时必须对各项工作做出系统、合理、科学的安排。实习动员主要从以下五个方面把握：首先，在思想认识上让学生明确实习的重要性和必要性。第二，提出实习的任务和计划并布置任务，公布实习的组织安排，分组名单，让学生明确这次实习的任务和安排。第三，对实习的纪律做出要求，明确请假制度，清楚作息时间，建立考核制度。第四，在动员中，要说明仪器、工具的借领方法和损耗赔偿规定。第五，指出实习注意事项，特别是注意人身和仪器设备的安全，以保证实习的顺利进行。

实习动员之后，还应专门组织各实习小组进行测量规范的学习，并将测量规范内容列为考核内容。同时还要组织同学学习测量实验、实习须知的相关内容，以保证在实习过程中严格执行有关规定。

3．测量实习仪器和工具的准备

（1）测量实习仪器和工具的领取

在测量教学实习中，不同的测量工作往往需要使用不同的仪器。测量小组可根据不同的测量要求和测量方法配备相应的仪器和工具，每组列好自己的仪器清单来借领并核对仪器工具。

（2）测量仪器检查

借领仪器后，首先应认真对照清单仔细清点仪器和工具的数量，核对编号，发现问题及时提出解决。然后对仪器进行检查。

① 仪器检查

仪器应表面无碰伤、盖板及部件结合整齐，密封性好；仪器与三脚架连接稳固无松动。仪器转动灵活，制、微动螺旋工作良好，水准器状态良好，望远镜对光清晰、目镜调焦螺旋使用正常，读数窗成像清晰。全站仪等电子仪器除上述检查外，还需检查操作键盘的按键功能是否正常，反应是否灵敏；信号及信息显示是否清晰、完整；功能是否正常。

② 三脚架检查

三脚架是否伸缩灵活自如；脚架紧固螺旋功能正常。

③ 水准尺检查

水准尺尺身平直；水准尺尺面分划清晰。

④ 反射棱镜检查

反射棱镜镜面完整无裂痕；反射棱镜与安装设备配套。

四、实习基本过程

1．图根控制测量

各小组根据地形图的分幅图了解小组的测图范围、控制点的分布，在此基础上在小组的测图范围建立图根控制网。现以图根导线为例，说明图根控制的建立方法。图根导线测量的内容分外业工作和内业计算两个部分。

（1）图根导线测量的外业工作

① 踏勘选点

各小组在指定测区进行踏勘，了解测区地形条件和地物分布情况，根据测区范围及测图要求确定布网方案。选点时应在相邻两点都各站一人，相互通视后方可确定点位。

点位选定之后，应立即做好点的标记，若在土质地面上可打木桩，并在桩顶钉小钉或划"十"字作为点的标志；若在水泥等较硬的地面上可用油漆画"十"字标记。在点标记旁边的固定地物上用油漆标明导线点的位置并编写组别与点号。导线点应分等级统一编号，以便于测量资料的管理。为了使所测角既是内角也是左角闭合导线点可按逆时针方向编号。

② 平面控制测量：

a．导线转折角测量。

b．边长测量。

c.连测：为了使导线定位及获得已知坐标需要将导线点同高级控制点进行连测。可用经纬仪按测回法观测连接角，用钢尺（或光电测距仪、全站仪）测距。若测区附近没有已知点，也可采用假定坐标，即用罗盘仪测量导线起始边的磁方位角，并假定导线起始点的坐标值（起始点假定坐标值可由指导教师统一指定）。

d.高程控制测量：图根控制点的高程一般采用普通水准测量的方法测得，山区或丘陵地区可采用三角高程测量方法。

（2）图根导线测量的内业计算

在进行内业计算之前，应全面检查导线测量的外业记录，有无遗漏或记错，是否符合测量的限差和要求，发现问题应返工重新测量。

① 导线点坐标计算：首先绘出导线控制网的略图，并将点名点号、已知点坐标、边长和角度观测值标在图上。

② 高程计算：先画出水准路线图，并将点号、起始点高程值、观测高差、测段测站数（或测段长度）标在图上。在水准测量成果计算表中进行高程计算，计算位数取至毫米位。计算步骤为：

a.填写已知数据及观测数据。

b.计算高差闭合差及其限差。

c.计算高差改正数。

d.计算改正后高差。

e.计算图根点高程。

（3）方格网的绘制及导线点的展绘

在聚脂薄膜上，使用打磨后的 5H 铅笔，按对角线法（或坐标格网尺法）绘制 20 cm × 20 cm（或 30 cm × 30 cm）坐标方格网，格网边长为 10 cm，其格式可参照《地形图图式》。

坐标方格网绘制好后，擦去多余的线条，在方格网的四角及方格网边缘的方格顶点上根据图纸的分幅位置及图纸的比例尺，注明坐标，单位取至 0.1 km。

2. 等外水准测量

（1）路线设计

根据图根导线的布设情况以及各自的技术设计，全组同学共同协商出一个统一的水准路线，尽可能构成附合水准路线和闭合水准路线，并尽可能考虑水准点的个数与人数相等。

（2）外业观测

① 在地面选定 B、C、D 三个坚固点作为待定高程点，BM、A 为已知高程点，其高程由老师提供。安置仪器于 A 点和 B 点之间，目估前、后视距离相等，进行粗略整平和目镜对光。测站编号为 1；

② 后视 A 点上的水准尺黑面，精平后读取上、中、下丝读数，记入手簿；

③ 前视 B 点上的水准尺黑面，精平后读取上、中、下丝读数，记入手簿；

④ 前视 B 点上的水准尺红面，精平后读取中丝读数，记入手簿；

⑤ 后视 A 点上的水准尺红面，精平后读取中丝读数，记入手簿；

⑥ 测站计算校核；

⑦ 迁至第 2 站继续观测。

（3）内业计算

每人设计一套计算表格,独立完成一条水准路线的内业计算(每条水准路线原则上由记录者计算,观测者检核),每人提交一份计算成果(包括计算表格和水准点成果表)和水准路线略图。

3．地形图的判读

野外判读地形图,就是要将地形图上的地物、地貌与实地一一对应起来。内容包括地形图定向和读图。

(1)地形图定向

在地形图上找到站立点的位置,再找一个距站立点较远的实地明显目标(如地物、山头、鞍部、控制点、道路交叉口等),并在图上找到该点,使图上与实地的目标点在同一方向上。

(2)读图

读图的依据是地物、地貌的形状、大小及其相关位置关系。有意识地加强读图能力可为应用地形图和碎部测量创造良好的条件。

4．地形图测绘

(1)任务安排

① 准备仪器及工具,进行必要的检验与校正。

② 在测站上各小组可根据实际情况,安排观测员1人,绘图员1人,记录计算1人,跑尺1~2人。

③ 根据测站周围的地形情况,全组人员集体商定跑尺路线,可由近及远,再由远及近,按顺时针方向行进,合理有序,能防止漏测,保证工作效率,并方便绘图。

④ 提出对一些无法观测到的碎部点处理的方案。

(2)仪器的安置

在图根控制点上安置(对中、整平)经纬仪,量取仪器高i,做好记录。

(3)跑尺和观测

(4)地物、地貌的测绘

绘图时应对照实地,边测边绘。

① 地形图的拼接

由于对测区进行了分幅测图,因此在测图工作完成以后,需要进行相邻图幅的拼接工作。拼接时,可将相邻两幅图纸上的相同坐标的格网线对齐,观察格网线两侧不同图纸同一地物或等高线的衔接状况。如果误差满足限差要求,则可对误差进行平均分配,纠正接边差,修正接边两侧的地物及等高线。否则,应进行测量检查纠正。

② 地形图的整饰

地形图拼接及检查完成后就需要用铅笔进行整饰。整饰应按照:先注记,后符号;先地物,后地貌;先图内,后图外的原则进行。注记的字型、字号应严格按照《地形图图式》的要求选择。

③ 地形图的检查

内业检查。检查观测及绘图资料是否齐全;抽查各项观测记录及计算是否满足要求;图纸整饰是否达到要求;接边情况是否正常;等高线勾绘有无问题。

外业检查。将图纸带到测区与实地对照进行检查,检查地物、地貌的取舍是否正确,有无遗漏,使用图式和注记是否正确,发现问题应及时纠正;在图纸上随机地选择一些测点,将仪器带到实地,实测检查,重点放在图边。检查中发现的错误和遗漏,应进行纠正和补漏。

④ 成图

经过拼接、整饰与检查的图纸,可在肥皂水中漂洗,清除图面的污尘后,即可直接着墨,进行清绘后晒印成图。

5. 建筑物或线路的实地测设

(1)全站仪安置好后,量取仪器高、做好记录。

(2)开机、初始化。

(3)瞄准后视点,水平度盘置零或输入后视方向的方位角。

(4)进入放样功能模式界面,输入测站点坐标、仪器高、棱镜高。

(5)选择放样数据模式界面中的水平距离放样模式,输入放样的水平距离值和放样水平角值(或放样方向的方位角值)。

(6)先放样角度或者方位角,然后在该方向上放样距离。

(7)在地面标定出所放样的点位。

(8)同法进行其他点位的放样。

(9)点位测设完毕后,对结果进行检核。

五、实习要求

(1)熟练地掌握测量仪器的操作方法和记录、计算方法。

(2)掌握经纬仪、水准仪的检验校正的方法。

(3)掌握大比例尺地形图测绘的基本方法和地形图的应用。

(4)能够根据工程情况编制施工测量方案,掌握施工放样的基本方法。

(5)保质、保量、按时完成规定的测绘任务,最后交付测绘成果资料。

六、实习内外业工作及注意事项

(1)测量实训中应严格遵守学校的各种规章制度和纪律,不得无故迟到、无故缺习,应有吃苦耐劳的精神。

(2)各组要整理、保管好原始记录、计算成果等。

(3)测量实训中记录计算应规范、正规,不得随意涂改。

(4)测量实训中应爱护仪器及工具,按规定或程序操作;注意仪器、工具的安全,防止遗失和损坏。

(5)测量实训中组长要合理安排,确保每人有操作、训练的机会。

(6)小组成员应相互配合,注意培养团队合作精神。

七、实习测量工作的技术要求

实习中所依据的规范:《城市测量规范》(CJJ8-99),中华人民共和国国家标准《工程测量规范》(GB-50026-93),《1:500,1:1000,1:2000地形图图式》(GB/T 7929)。

(1)水准测量,导线测量技术要求详见附录。

(2)测图工作。

①方格网的检查。采用聚脂薄膜测图。用直尺检查方格网的交点是否在同一直线上,其

偏离值应小于 0.3 mm。用标准直尺（格网尺）检查方格网线段的长度与理论值相差不得超过 0.2 mm。方格网对角直线长度误差应小于 0.3 mm，如超过规定的限差应重新绘制。

②控制点展绘的检查。各控制点展绘好后，可用比例尺在图上量取各相邻控制点之间的距离，和已知的边长相比较，其最大误差在图纸上不得超过 0.3 mm，否则应重新展绘。

检查点号和高程的注记有无错误。

用一般直尺展点只能估读到尺子最小格值的 1/10。如果想要正确地读出最小格值的 1/10，则可用复式比例尺。

③采用经纬仪法测图时，碎部点的最大视距长度：1/500 的测图不得超过 75 m。

④地形图图示采用国家测绘总局颁布的"1∶500、1∶1000、1∶2000 地形图图式"。

⑤所有碎部点高程注记至 0.1 mm。点位借用高程注记的小数点。等高距的大小应按地形情况和用图需要来确定。

八、实习组织

1. 组织机构

(1)由教师、班长、学习委员组成实习领导机构，下设实习小组。

(2)实习小组由 4~5 人组成，设组长、副组长各 1 人。

(3)每日的外业实习工作由小组成员轮流当责任组长。

2. 职责

(1)班长：检查全班各组考勤和各小组实习进度，协助解决实习有关事宜。

(2)学习委员：检查各组仪器使用情况，收集各小组的实习成果。

(3)组长：提出制订本组的实习工作计划，安排责任组长，全组讨论通过。收集保管本组的实习资料和成果。

实习工作计划表内容：日期、实习内容、责任组长。

(4)副组长：负责本组仪器的保管及安全检查、保管本组实习内业资料。

(5)责任组长：执行实习计划，安排当天实习的具体工作，登记考勤，填写实习日志。注意做好准备。

责任组长如实记录实习日志。实习日志内容：当天实习任务，完成情况，存在问题，解决措施，小组出勤情况。

九、应提交的实习成果

(1) 导线计算表、交会计算、水准和三角高程计算表。

(2) 控制点成果表、控制点展点图。

(3) 地形图、草图或数字地图(组)。

(4) 实习报告。

十、实习报告提纲

测量实习结束后，每位同学都应按要求编写《实习总结报告》，编写提纲如下。

1. 封面

实习地点和名称、起止日期、班级、组号、姓名学号、指导教师。

2. 前言

简述本次实习的目的、任务及要求。

3. 实验内容

（1）完成任务情况

① 任务来源、测区范围、遵守的技术要求、规范和图示；

② 施测单位、工作起止日期、实际完成的工作量。

（2）利用资料情况

① 利用资料的施测单位、时间；

② 坐标系统、采用仪器、观测方法、实测范围；

③ 利用资料的精度情况；

④ 对利用资料的检查分析和技术评价。

（3）图根控制测量

① 坐标系统和起算数据；

② 图形布置、点位设置及其数量；

③ 使用仪器、观测方法和计算方法；

④ 精度情况：方位角闭合差和全长相对闭合差。

（4）等外水准测量

① 高程系统和起算数据；

② 图形布置、点位设置及其数量；

③ 使用仪器、观测方法和计算方法；

④ 精度情况。

（5）地形图测绘

① 使用仪器、成图方法及其图幅的划分；

② 地物、地貌的取舍情况；

③ 检查项目、方法步骤和检查结果；

④ 精度情况：实地测量距离和图上量测距离之比。

（6）工程质量的综合评述。

（7）提交的资料和成果清单。

4. 实验总结

主要介绍实习中遇到的技术问题、处理方法、创新之处以及自己的独特见解，对实习的建议和意见，本组和本人在实习中主要做了哪些相应的工作及在实习中的收获。

十一、个人实习成绩的评定标准

测量实习外业是以小组为单位集体完成的。为了客观全面地反映个人在实习中的情况，特制订本评定标准，内容如表 4-1：

表 4－1   实习成绩的评定标准

序号	项 目	基 本 要 求	满分	考核依据	评 分 细 则
1	考勤与纪律	按时上下班,全勤、服从指挥、不影响他人、不损坏公共财物	14	实习日志监督记录	1/3 缺勤实习不及格,实行 8 小时工作制,迟到一次扣 1 分。隐瞒考勤加倍扣分。
2	观测与计算	记录齐全、数据准确整洁、表格整齐、计算数据可靠、完成实习的观测任务	18	小组观测记录个人计算资料(高程、导线等)	小组成果满分 9 分,个人成果满分 9 分,成果缺一扣 2 分。伪造成果 0 分。
3	仪器操作	无事故全组仪器完好无损、操作熟练、数据整洁无误(角度、距离、高程、测图)	20	实习日记事故记录操作考核材料	重大事故实习不及格,记录满分 5 分,操作满分 10 分。
4	绘图	按要求完成地形图测绘、地形图样符合实习要求、按要求完成地形图绘制	18	小组地形图个人绘地貌图	小组满分 10 分个人满分 8 分
5	路线测量放样	按要求测量路线中线位置和纵断面图(按要求测量轴线位置)	10	曲线计算资料纵断面图(放样图检核记录)	满分:曲线计算 5 分,纵断面图 5 分(含轴线放样)
6	总结报告	符合提纲要求、分析说明正确、按时提交成果	20	个人提交的实习报告	基本要求 15 分,有新创意 20 分,实习班干部协作好另加分

注:①抄袭成果视情况扣分,直至该项目扣为零分。

②违反操作规程损坏仪器设备,除扣分外还按设备处理赔偿。

③表中 1、2、3、4、5 项中有二项不及格,则实习不及格。总分不及格则实习不及格。

附　录

附录一　测量工作中常见的计量单位

附表 1-1　常用计量单位表

量的单位	单位名称	单位符号
[平面]角	弧度	rad
	度	(°)
	[角]分	(′)
	[角]秒	(″)
立体角	球面度	sr
长度	米	m
	千米(公里)	km
	厘米	cm
	毫米	mm
	微米	μm
	纳米	nm
	海里	n mile
面积	平方米	m^2
	平方千米(平方公里)	km^2
	平方分米	dm^2
	平方厘米	cm^2
	平方毫米	mm^2
体积,容积	立方米	m^3
	立方分米,升	dm^3,L
	立方厘米	cm^3
	立方毫米	mm^3
时间	秒	s
	分	min
	[小]时	h
	天(日)	d

附录二 工程测量中的各项技术要求

附表 2-1 水准测量的主要技术要求

等级	每千米高差全中误差（mm）	路线长度（km）	水准仪型号	水准尺	观测次数		往返较差、符合或环线闭合差	
					与已知点联测	附合或环线	平地/mm	山地/mm
二等	2	–	DS1		往返给一次	往返给一次	$4\sqrt{L}$	–
三等	6	≤50	DS1	因瓦	往返各一次	往返给一次	$12\sqrt{L}$	$4\sqrt{n}$
			DS3	双面		往返各一次		
四等	10	≤16	DS3	双面	往返各一次	往返给一次	$20\sqrt{L}$	$6\sqrt{n}$
五等	15	–	DS3	单面	往返各一次	往返给一次	$30\sqrt{L}$	–
图根	20	≤5	DS10	单面	往返给一次	往一次	$40\sqrt{L}$	$12\sqrt{n}$

附表 2-2 水准观测的主要技术要求

等级	水准仪型号	视线长度（m）	前后视的距离较差（m）	前后视的距离较差累积（m）	视线离地面最低高度（m）	基本分划、辅分划或黑、红面读数较差（mm）	基本分划、辅分划或黑、红面所测高差较差（mm）
二等	DS1	50	1	3	0.5	0.5	0.7
三等	DS1	100	3	6	0.3	1.0	1.5
	DS3	75				2.0	3.0
四等	DS3	100	5	10	0.2	3.0	5.0
五等	DS3	100	大致相等	–	–	–	–
图根	DS10	100	大致相等	–	–	–	–

附表 2-3   水平角方向观测法的主要技术要求

等级	仪器型号	光学测微器 2 次重合读数之差（"）	半测回归零差（"）	一测回中 2 倍照准差变动范围（"）	同一方向值各测回较差（"）
四等及以上	DJ1	1	6	9	6
	DJ2	3	8	13	9
一级及以下	DJ2	–	12	18	12
	DJ6	–	18	–	24

附表 2-4   光电测距的主要技术要求

平面控制测量	测距仪精度等级	观测次数 往	观测次数 返	总测回数	一测回读数较差（mm）	单程各测回较差（mm）	往返较差
二、三等	I	1	1	6	≤5	≤7	≤2(a+b*D)
	II			8	≤10	≤15	
四等	I	1	1	4~6	≤5	≤7	
	II			4~8	≤10	≤15	
一级	II	1	–	2	≤10	≤15	
	III			4	≤20	≤30	
二、三级	II	1	–	1~2	≤10	≤15	
	III			2	≤20	≤30	

附表 2-5   导线测量的主要技术要求

等级	导线长度（km）	平均边长（km）	测角中误差（"）	测距中误差（mm）	测距相对中误差	测回数 DJ1	测回数 DJ2	测回数 DJ3	方位角闭合差（"）	导线全长相对闭合差
三等	14	3	1.8	20	1/150000	6	10	–	$3.6\sqrt{L}$	≤1/55000
四等	9	1.5	2.5	18	1/80000	4	6	–	$5\sqrt{n}$	≤1/35000
一级	4	0.5	5	15	1/30000	–	2	4	$10\sqrt{n}$	≤1/15000
二级	2.4	0.25	8	15	1/14000	–	1	3	$16\sqrt{n}$	≤1/10000
三级	1.2	0.1	12	15	1/7000	–	1	2	$24\sqrt{n}$	≤1/5000
图根	≤1.0M	1.5 倍最大视距	20	–	–	–	1	1	$40\sqrt{n}$	≤1/2000

附录三　地形图图示

编号	名称	符号	编号	名称	符号
1	三角点 凤凰山－点名 394.468－高程	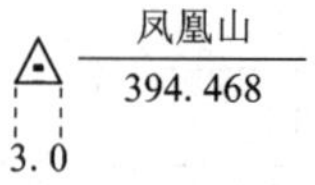 △ 凤凰山 394.468 3.0	2	导线点 I16－等级、点号 84.46－高程	 2.0 ⊡ I 16 84.46
3	埋石图根点 16—点号 84.46—高程	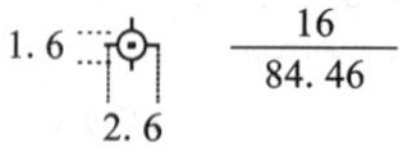 1.6 ⊙ 16 2.6 84.46	4	不埋石图根点 25—点号 62.74—高程	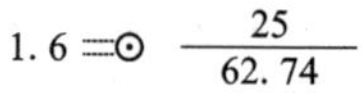 1.6 ⊙ 25 62.74
5	水准点 Ⅱ京石5－等级、点名 32.804—高程	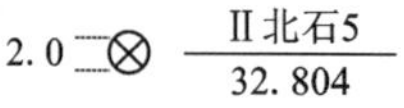 2.0 ⊗ Ⅱ北石5 32.804	6	GPS控制点 B14—级别、点号 495.267—高程	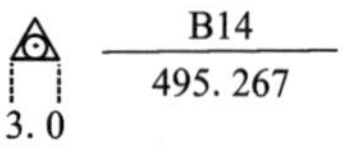 △ B14 495.267 3.0
7	一般房屋 混—房屋结构 3—房屋层数	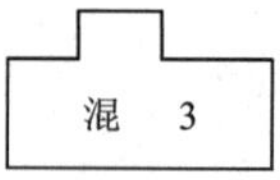 混　3	8	简单房屋	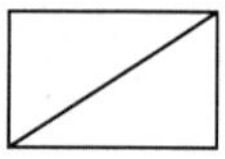
9	建筑中的房屋	 建	10	建筑物下的通道	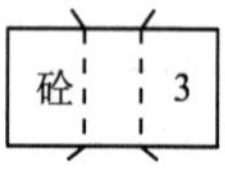 砼　3
11	台阶	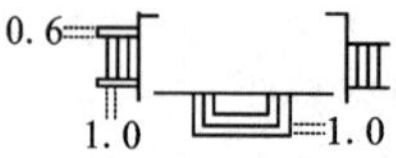 0.6 1.0　1.0	12	围墙 (a)依比例尺的 (b)不依比例尺的	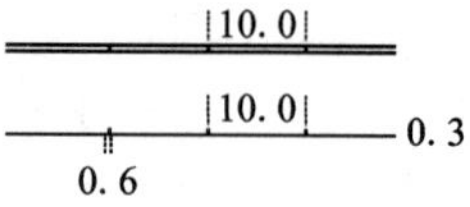 |10.0| |10.0| 0.3 0.6
13	石油井、天然气井	 2.6 ◯ 油	14	露天采掘	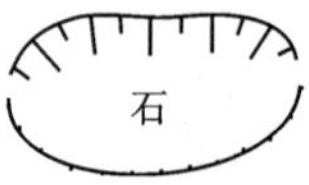 石

编号	名称	符号	编号	名称	符号
15	水塔		16	饲养场	温室
17	气象站	3.0 3.6 1.0	18	水文站	位 1.0 4.0
19	宣传橱窗、广告牌	1.0 2.0	20	露天体育场 有看台的 (a)司令台 (b)门洞	b 工人体育场 45° a 1.6
21	游泳场	泳	22	加油站	1.6 3.6 1.0
23	路灯	2.0 1.6 4 1.0	24	喷水池	1.0 3.6
25	岗亭、岗楼	90° 3.0 1.6	26	垃圾台	2.0 1.6
27	避雷针	30° 3.6 1.0 1.0	28	雕塑	
29	旗杆	1.6 1.0 4.0 1.0	30	厕所	厕

编号	名称	符号	编号	名称	符号
31	挡土墙		32	电线塔(铁塔) (a)依比例尺的 (b)不依比例尺的	
33	消火栓		34	池塘	
35	等高线 (a)首曲线 (b)计曲线 (c)间曲线		36	滑坡	
37	陡坎 (a)未加固的 (b)已加固的		38	有林地	
39	苗圃		40	人工草地	

参考文献

[1] 章书寿，陈福山. 测绘学教程[M]. 北京：测绘出版社，2006

[2] 王化光. 工程测量实验报告及指导书[M]. 成都：西南交通大学出版社，2005

[3] 张弘，刘学. 工程测量实训指导[M]. 上海：东华大学出版社，2005

[4] 王金玲. 工程测量[M]. 北京：中国水利水电出版社，2007

[5] 陈送财. 工程测量[M]. 合肥：中国科学技术大学出版社，2007

[6] 金芳芳. 工程测量实验与实习指导[M]. 南京：东华大学出版社，2007

[7] 刘星，吴斌. 工程测量实习与题解[M]. 重庆：重庆大学出版社，2004

[8] 王侬，过静珺. 现代普通测量学[M]. 北京：清华大学出版社，2007

[9] 张正禄等. 工程测量学[M]. 武汉：武汉大学出版社，2007

[10] 覃辉. 土木工程测量[M]. 上海：同济大学出版社，2005

[11] 张国良. 矿山测量学[M]. 徐州：中国矿业大学出版社，2001

[12] 严莘稼，李晓莉，邹积亭. 建筑测量学教程[M]. 北京：测绘出版社，2007

[13] 郭祥瑞. 建筑工程测量实习指导及习题集[M]. 广州：华南理工大学出版社，1998

[14] 程效军，须鼎形，刘春. 测量实习教程[M]. 上海：同济大学出版社，2005

[15] 唐平英等. 测量学实验指导与实验报告. 北京：人民交通出版社，2005

图书在版编目(CIP)数据

工程测量实习指导／韩用顺等主编．—长沙：中南大学出版社，
2009.9(2021.1重印)

普通高等学校土木工程专业规划教材

ISBN 978 - 7 - 81105 - 871 - 0

Ⅰ.工…　Ⅱ.韩…　Ⅲ.工程测量－高等学校－教学参考资料
Ⅳ.TB22

中国版本图书馆 CIP 数据核字(2009)第 157303 号

工程测量实习指导

主编　韩用顺　常玉光

□**责任编辑**	刘　辉	
□**责任印制**	周　颖	
□**出版发行**	中南大学出版社	
	社址：长沙市麓山南路	邮编：410083
	发行科电话：0731 - 88876770	传真：0731 - 88710482
□**印　　装**	长沙印通印刷有限公司	

□**开　　本**	787 mm×1092 mm 1/16	□**印张** 7.5	□**字数** 173 千字
□**版　　次**	2009 年 9 月第 1 版	□2021 年 1 月第 8 次印刷
□**书　　号**	ISBN 978 - 7 - 81105 - 871 - 0
□**定　　价**	28.00 元